海洋プラごみ問題
解決への道

～日本型モデルの提案 増補版

重化学工業通信社

はじめに

海洋に流出した大量のプラスチックごみが環境を汚染しているので、ストローやレジ袋、食品容器などの使い捨てプラスチックを削減しなければならない、という。この社会潮流は主としてＥＵ（欧州連合）が主導しており、ＥＵに本拠を置くＮＧＯもごく近い立場で活動している。しかし、ごみを燃えるごみとペットボトル、空き缶、ガラスに分別し、きちんと処理してきた日本社会に住む我々としては、その前にやることがあるのではないか、という違和感がある。

ＥＵの「使い捨てプラスチック削減」という方針を耳にしたプラスチック関連業界からは、将来プラスチックが政策で削減されたり、需要が激減したりする事態への懸念の声もあるが、少なくとも日本政府の方針では流出防止・回収優先で、経済活動を制約するつもりはない。２０１９年3月に行われた第４回国連環境総会（ＵＮＥＡ４）のハイレベル協議において、勝俣孝明環境大臣政務官は「海洋プラごみの対策として重要なことは、海への流出を如何に抑えるかだ。経済活動を制約する必要はない。各国や関連団体、企業などが連携し、適正な廃棄物管理、海洋ごみの回収、3R（リデュース、リユース、リサイクル）、イノベーションや国際協力などの対策に取り組まなければならない」と、経済活動を制約せずに海洋へのプラごみ流出防止に取り組む姿勢を明らかにしている。

海にごみが散らかっているなら、回収してきれいにすればよく、これ以上ごみが流出しないように防止すればよい。逆に使い捨てプラを規制してゼロにしても、川や海にごみが流出している状況は改善されない。プラスチック以外のごみも含めて、ごみをきちんと管理する社会システムの整備、出てしまったごみの回収、環境中にポイ捨てしない社会的モラルの養成、といった課題が、プラスチックがあってもなくても避けて通れないことは、日本の戦後における環境対策の歴史が物語っている。

ＥＵは２０１９年３月の国連環境総会で「２０２５年までに使い捨てプラ製品を廃絶する」という閣僚宣言案を提案したが、日米の反対で「２０３０年までに大幅に削減」と表現を後退させた。ＥＵが「循環型経済」に執着し規制を先行させたがる理由については、今のところ諸説ある。新しい経済システムに転換して産業振興をはかりたいのだ、或いはそれを標榜しない企業を欧州市場から締め出すための参入障壁としたいのだ、欧州のリサイクル関連業界が補助金目当てにリサイクル産業の拡大を目論んでいる、などいろいろな見方が存在する。

いずれにせよＥＵからの「海洋プラごみを減らそう、そのために使い捨てプラスチックを減らそう」という一見反対しにくい呼びかけに対し、日本はその経験に基づいて堅実で実効ある提案で応じなければならない。経済発展に伴いプラスチック消費が今まさに爆発的に増大しつつあるアジア諸国とも共有可能な目標設定、および各国の事情に応じた持続性のある対策を示すことも求められている。

本書ではファクトベースの視点に立ち、海洋プラごみ問題に関係する省庁（環境省、経済産業省、農林水産省）、食品・飲料の業界団体、プラスチック製造の業界団体、環境NGO、海洋プラごみ問題の研究者といった、「プラスチック資源循環戦略」の策定にも携わった多くの人々へのインタビューを通じて、海洋プラスチックごみ問題の現状を明らかにし、日本にふさわしい対応の方向を探っていく。

いまや国際問題化した海洋プラごみ問題の動向、NGOによって明らかになってきた河川や海岸に漂着しているプラごみの実態、我が国の産業界が自主規制で対策を進めてきた廃棄物管理システム、政府や産業界が解決に向け進めている将来へ向けた取り組みについて紹介するとともに、海洋プラごみ問題と混同され、問題を複雑にしている「マイクロプラスチック汚染問題」という地球環境科学上の論争についても取り上げていく。

必要と思われる統計資料、リストなどについても客観性の高い、出典の明らかなものを集め、巻末にまとめておく。この問題を巡る議論などの際に参考に供されたい。

第３章 国内の廃棄物管理の過去・現在・未来…68

第4章　欧州と中国の動向…118

最新動向

資料集

参考資料

あとがき

第1章

海洋プラスチックごみ問題入門

第1章　海洋プラごみ問題入門

環境に排出されても分解しにくく、水に浮かぶ性質のため、半永久的に海洋を漂い続けるプラスチックごみが、途上国を含め世界中で環境問題を引き起こしている。食品包装、容器、製品包装、医療器材などに利用される使い捨てのプラスチック製品が普及するにつれ、事態は深刻化しているという。この海洋プラごみ問題は、大気汚染やＰＭ2.5などと同じく、発生源対策で解決が可能な環境問題のひとつと考えられる。ゆえに効率的な処理技術を開発し、適切な漏出対策や回収を適正なコスト、適正な社会負担で粛々と実施すれば解決が近づくはずだ、と。

だが海洋プラごみ問題は欧州において特に、単なる環境問題の次元を超え、浪費型の経済を循環型経済（サーキュラー・エコノミー）に転換しようという、一種の経済革命運動へと発展しつつある。この直接的なトリガーとなったのは、２０１７年に始まった中国による廃プラ輸入禁止である。日本を含め、廃プラを大量に排出している先進諸国では、それまでの中国を当てにした廃プラ処理を見直さざるを得ない状況に陥った。

さらには国連環境計画、国連環境総会などを足がかりに、自前の経済革命運動を世界に向けて展開しようとはかる欧州連合（ＥＵ）と、それを断固拒絶する米国との間で、国際政治における対立軸と化している。プラごみを巡る議論は、２０１８年6月のＧ７仏シャルルボワサミットにおいて日本と米国が海洋プラスチック憲章への署名を拒否したことをきっかけに「環境をきれいにしましょう」といったモラルの域を超え、政治・経済を揺るがす問題となっているのだ。

経済革命運動といったが、革命の図式でいうとＥＵは民衆を巻き込んだ革命推進派、米国は保守派、日本は穏健な改革派、といった位置にいる。日本が穏健な改革派の立場に立たざるを得ないのは、廃棄物管理に関する50年以上にわたる苦闘の歴史があってのことだ。国際政治から話題が前後するが、まずはこれまでの日本におけるプラごみ対策について振り返るところから始めたい。

▼日本のリサイクルシステムは優秀

年配の方はもちろんご存知だろうが、日本でごみが環境問題化したのは今回が初めてではなく、半世紀を超える歴史がある。東京都では１９５０年代にすでに陸上の埋立地が満杯となっており、１９７０年代には、明治以前から大量のごみを海面埋立地に受け入れてきた江東区と、自区内へのごみ処理場建設に反対する杉並区が対立、江東区が杉並区からのごみ運搬車の受け入れを拒否する事態にまで発展した「東京ごみ戦争」も起きている。

また日本においては、市民・行政による河川や海のごみ清掃活動が始まった時期も早く、１９６４年の前回東京オリンピック時にまで遡ることができる。そうした取り組みが全国的に恒常化するのは、リサイクルが叫ばれるようになる１９９０年代のことだ。

１９９５年に制定され、２０００年に完全施行された「容器包装リサイクル法」以降、収集を担当する自治体、リサイクル業界、食品・飲料業界をはじめとする関連産業、週に何度か、きちんと朝の分別ごみ出しを行う習慣の定着など、様々な次元における国民的努力に支えられ、日本のごみ収集・処理のシステムは大きく進歩してきた。日本の廃棄物処理システムは、年間に発生する９０３万トン（２０１７年）ものプラスチックごみのほとんどを環境に出すことなく、適正に処理している。東南アジアや中国のように、廃棄物処理システムの整備が遅れ、河川や海に大量のごみがポイ捨てされ続けている地域とは比較にならない優秀なものだ。

数々のキャンペーンや空き容器の回収システム構築、ペットボトルの規格統一と改良設計など、業界を挙げて自主的に取り組んできた食品業界の功績は、賞賛されてしかるべきものだ。彼らの努力があったからこそ、現在の我々は日本のリサイクルシステムを世界に誇ることができ、また86％（２０１７年）という高い有効利用率を前提に、胸を張って国際社会と対話ができる。

▼日本の廃プラ排出量は２０１７年で９０３万トン

日本ではプラスチック循環利用協会が、プラスチックの製造から廃棄・再資源化・処理処分までの資源循環について、統計や調査を駆使したマテリアルフロー図を作成しており、毎年12月頃に改訂版が公表される。このマテリアルフロー図は、日本のプラスチック資源に関するあらゆる議論の基礎データとして利用されており、国家戦略「プラスチック資源循環戦略」の検討にも使われた重要なものだ。これによると日本の２０１７年におけるプラスチックの生産量は１１０２万トン（前年比27万トン増、プラス2.5％）、廃棄プラスチックの総排出量は９０３万トン（前年比４万トン増、プラス0.5％）とされる。

廃プラの処理方法別に内訳を見ていくと、廃プラを再生プラスチックの原料にする「マテリアルリサイクル」は２１１万トンで、中国や香港を中心に再生原料として輸出された１２９万トンもここに含まれている。

廃プラをコークスの代わりに還元剤として製鉄に利用する「ケミカルリサイクル」は40万トン。ケミカルリサイクルには他にガス化や油化の技術も２０００年代から実用化され、事業化されていたが、原料確保とコストの問題がクリアできず、リーマンショック後の不況期である２０１０年前後に相次いで撤退した。

以前は埋め立てていた廃プラを焼却して、熱利用、発電、セメントの原料・燃料化、固形燃料化などの方法でエネルギーを回収する「サーマルリサイクル（熱回収）」は、５２４万トンを占める。日本ではマテリアル・ケミカル・サーマルのリサイクルを有効利用の範囲としており、廃プラ総排出量９０３万トンに対して７７５万トン、有効利用率は86％である。

このサーマルリサイクルは、CO_2排出を伴う処分方法であるため、環境ＮＧＯや環境学の研究者からの批判の声が強く、プラ循環戦略の検討中にもしばしば議論となった。

■プラスチックのマテリアルフロー図（2017年）

日本では年間約900万トンのプラスチックを排出している。食品産業に由来するものは「包装・容器等／コンテナ類」と「その他」の内数に含まれる。

排出されたプラスチックはエネルギー回収（サーマルリサイクル）も含めれば、86%が有効利用されている。これに対し、世界の廃プラスチックは14～18%がリサイクル、24%が焼却、残りは不法に投棄/焼却されている。（環境省資料「OECDの環境総局/環境政策委員会　2018年5月　再生プラスチック市場に関する報告書」より）

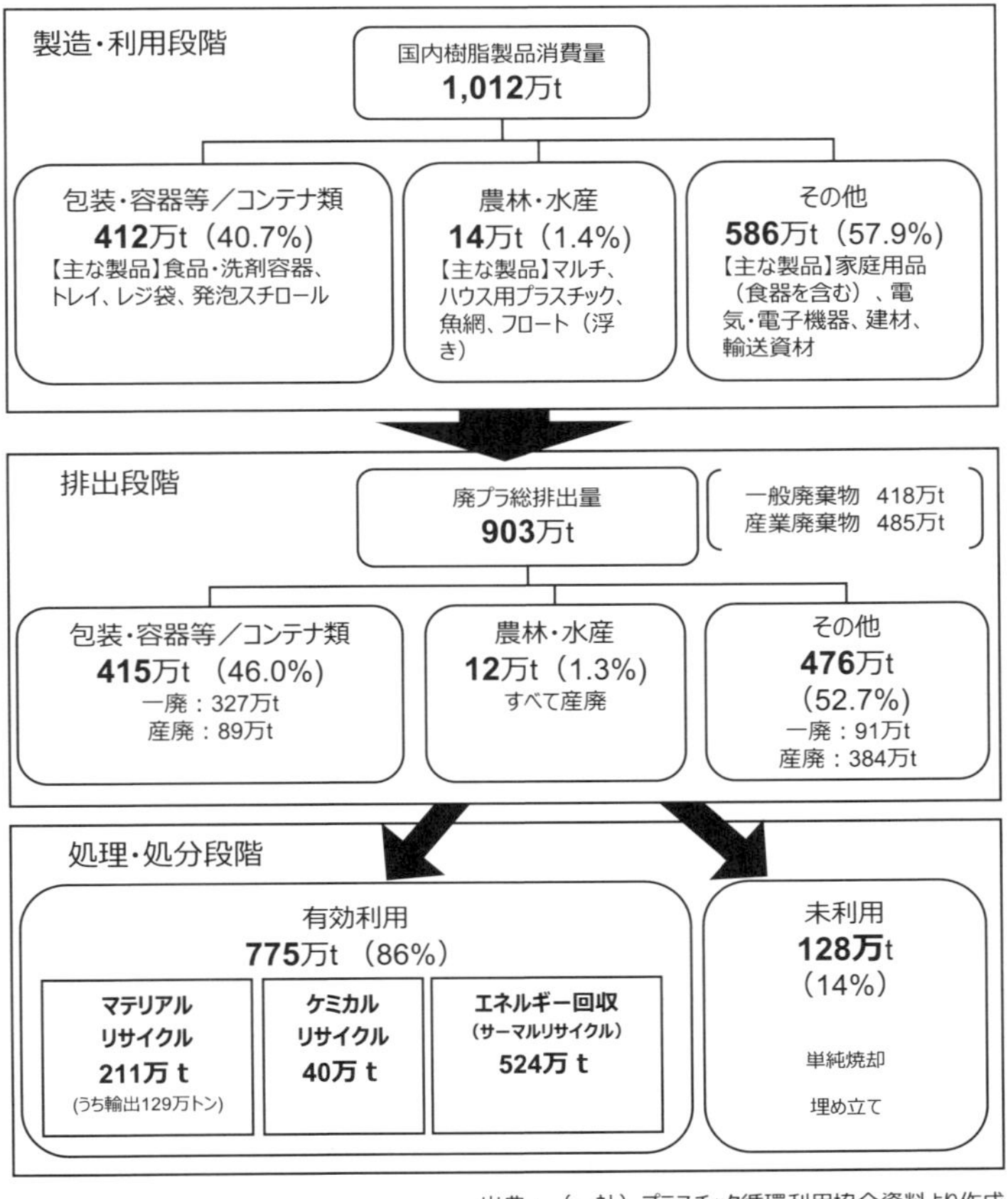

出典：（一社）プラスチック循環利用協会資料より作成

しかし砂漠のような広大な未利用地を有する国なら幾らでも埋め立て処分できるが、国土が狭く未利用地も少ない日本では、大量に発生するプラごみで埋め立て処分場はすぐに一杯になってしまい、処分場用地の確保も容易ではない。過剰なコストを掛けずに処分するには、焼却して容積を減らす方法をとらざるを得なかった。２０１６年度時点で発電設備のあるごみ焼却施設は、全ごみ焼却施設の32％にあたる３５８個所を占め、発電能力合計は１９８１MWに達している。平成28年度の総発電電力量は88億kW時で、家庭ならば約２９５万世帯分、ＪＲ東日本グループの年間使用電力量が58億kW時なので、これを余裕で賄える。

単純焼却処理や埋立処分される「未利用廃プラ」の量は１２８万トンと前年比で8.7％減少している。究極的にはこの未利用廃プラをゼロにする、というのが循環型社会のひとつの到達目標である。

▼飲料・食品産業の分別リサイクル活動

日本では１９９５年に容器包装リサイクル法（容リ法、正式名称は「容器包装に係る分別収集及び再商品化の促進等に関する法律」）が制定され、１９９７年に施行された。

制定当時、日本では廃棄物の最終処分場が不足し、石油をはじめとする天然資源の枯渇といった問題も顕在化。また、家庭から出るごみの約60%（容積比）が容器包装だったこともあり、こうした問題への対応と経済発展を両立させるため、制定されたのが容リ法だ。

日本では明治から昭和にかけて急速に工業化が進み、豊かな暮らしを手にしたが、その裏で公害やごみ処分場不足などが社会問題化し、地球環境と向き合うことの大切さを思い知った。大量生産・大量消費の時代を突き進む中で得られた苦い教訓だ。容リ法は容器包装ごみを資源として有効活用し、ごみの減量化を図ることを目的としたもので、3R（リデュース、リユース、リサイクル）の取り組みを基本とする循環型社会を構築する先駆けとなった。

容リ法はプラスチック製容器包装やペットボトルなど、再生資源として利用が可能な容器包装を対象としている。同法により、消費者は各市町村のルールに基づいて容器包装を分別排出し、市町村は容器包装廃棄物を分別して収集、容器包装の製造・利用・輸入などを行う事業者はリサイクル（再商品化）の責務を負うという形で、各主体の役割分担が明確化された。

飲料・食品産業では、８つ（ガラスびん、ペットボトル、紙製容器包装、プラスチック製容器包装、スチール缶、アルミ缶、飲料用紙容器、段ボール）のリサイクル推進団体が「３Ｒ推進団体連絡会」を２００５年12月に設立した。同会では容器包装の３Ｒを推進するための「自主行動計画」を５年単位で取りまとめており、２０１６年６月に２０２０年度を目標年とする第３次自主行動計画を公表した。分かりやすい例として、ペットボトルでは２０２０年度に１本当たりの平均重量で25％の軽量化（２００４年度対比）、並びにリサイクル率85％以上の維持を目標としている。

ＰＥＴボトルリサイクル推進協議会のまとめによると、２０１７年度のペットボトルリサイクル率は84・８％だった。第３次自主行動計画で目標とする85％以上の維

■日米欧のＰＥＴボトルリサイクル状況

		2012年度	2013年度	2014年度	2015年度	2016年度	2017年度
日本	リサイクル率	85.0%	85.8%	82.6%	86.7%	83.9%	84.8%
	回収率	90.5%	91.3%	93.5%	92.4%	88.9%	92.2%
	販売量(千t)	583	579	569	563	596	587
米国	リサイクル率	37.5%	40.7%	39.3%	41.2%	41.0%	41.8%
	回収率	52.3%	55.9%	57.2%	59.1%	59.8%	61.5%
	販売量(千t)	3,204	2,935	3,062	3,119	3,146	3,207
欧州	リサイクル率	21.1%	22.6%	21.6%	21.7%	20.1%	20.9%
	回収率	30.8%	31.2%	31.0%	30.1%	28.4%	29.2%
	販売量(千t)	2,534	2,615	2,653	2,708	2,800	2,682

出典：PETボトルリサイクル推進協議会

持にはわずかに届かなかったが、欧州や米国と比べると、日本がいかに高い水準を維持しているかが分かる。一方、リサイクルと並行して推進している軽量化については、２０１７年度時点で23・９％（２０１６年度時点では23％）に達し、着実に進展している。

飲料・食品産業界は自主行動計画も含め、20年以上にわたって３Ｒの推進に尽力しており、大きな成果を挙げてきた。一方の化学産業界は、リサイクルに関しては「素材開発の形での協力」に留まっており、飲料・食品産業界からは化学産業界に対する不信感も滲む。海洋プラごみ問題の高まりとともに、化学産業界の動きも活発になってきた中、「回収した廃プラの処理やリサイクルに関しては、化学業界で果たせる役割があるはず」（プラ製品業界団体幹部）など、化学産業界による具体策を望む声も挙がっている。

▼３Ｒでプラごみは減るのか

２０００年に公布された「循環基本法」によって初めて「３Ｒ」という言葉が社会に広まり、今や少なくとも「リデュース・リユース・リサイクル」のうち「リサイクル」という言葉は皆が知るところとなった。３Ｒを意識した生活が一般に定着したかどうかは意見が分かれるところだが、環境意識を啓発するという面では大きな役割を果たしているると言えるだろう。

容器製造・利用業界では循環型社会の形成に向けた取り組みに力を入れてきた。「容器包装リサイクル法」で対象となるガラスびん、ペットボトル、紙製容器包装、プラスチック容器包装、スチール缶、アルミ缶、飲料用紙容器、段ボールの３Ｒを推進する8団体で構成される「３Ｒ推進団体連絡会」が２００５年12月に結成し、２００６年度から自主行動計画を立ててリサイクル率の向上に取り組んでいる。

プラスチック以外を含めた産業廃棄物に対しても、最終処分量の目標値や罰則を定めたことで、廃棄量の削減にも効果を上げ、２００５年の4億６０４万トンから、２０１５年には3億８５９９万トンに減少した。また、景気の波に乗って右肩上がりに増えてきた一般廃棄物も２０００年の５４８３万トンをピークに減少に転じ、２００５年に５２７２万トン、２０１０年に４５３６万トン、２０１６年段階では４３１７万トンまで減少している（２０１9年2月末時点）。

一方、一般廃棄物のリサイクル率は１９９５～２００６年まで伸びてきたが、

２００７年の20・３％以降はほぼ横ばいが続いており、２０１６年時点では20・６％（８７９万トン）となっている。２０００年代半ば頃までは３Ｒの拡大がごみ量削減に貢献してきたことが見て取れるほか、２００７年以降はリサイクル率が頭打ちだが、ごみの発生量が減ってきていることが分かる。

▼陸域からの流出プラごみが7割以上

しかし、そうした優秀な３Ｒシステムを持ってしても、日本において河川や海洋に流出するプラスチックごみは、推計で年間２万〜６万トンにものぼるという。国土全体で広く薄く発生している、世界全体の排出量の１％にも満たないプラごみの流出を完全に防止することは困難だ。

ＮＰＯ・ＮＧＯの人々も、20年以上前から何度回収しても際限なく発生し続ける流出ごみと向き合い、清掃活動を通じて環境美化や意識啓発にとどまらず、ごみの内訳と量を調査し、流出ごみの原因解明に取り組んできた。ごみの漂着状況や不法投棄が発生しやすい現場など、彼らが調査して判明した情報は、河川管理や廃棄物管理の行政、海岸漂着物管理法の立案などに大いに活用されている。

そうした調査の結果分かってきたことは、海洋への流出では、陸域から河川や下水を経たプラごみが７割以上を占めるという事実だ。陸域からの流出は、歩行中やレジャーなどにおけるごみのポイ捨て、山間部や河川への不法投棄、工業・農業の生産現場や輸送中の事故などによる流出、台風による収集したごみの散乱、豪雨時の増水による河川や下水からの流出、といった様々な原因が少しづつ複合していると考えられている。

▼日本から海へ、海から日本へ

海洋プラごみ排出量の推計値からも、日本の海岸に漂着するプラごみは海外から流れて来ていると思い込んでいる向きが多いが、実態は地域によって相当なばらつきがある。環境省は、２０１６年度に海洋ごみの実態把握の一環として行った漂着ペットボトルの製造国別割合の調査で、全国10地点において回収された漂着ペットボトルの製造国を推定している。外国製のペットボトルは10地点全てで見られ、奄美では外国製の割合が８割以上を占めたほか、対馬、種子島、串本、五島では４～６割が外国製であった。一方で、北海道の根室、函館、九州の豊後水道に面した国東では外国製の割合が２割以下で、日本製が５～７割を占めた。海外からの漂着には流出の多い地域からの海流が影響しており、日本国内から出たごみが多い地域は内水域や北からの寒流の影響を受けていると考えられる。

また、公益社団法人瀬戸内海環境保全協会の推定によれば、瀬戸内海におけるプラごみを含めた海洋ごみの収支は、陸からの流入量が年３０００トン、海域での発生量が１２００トン、外海からの流入量が３００トンと計４５００トンのごみが流入している一方、回収される１４００トンを除き２４００トンは外海に流出、７００トンは海底へ沈積しているという。同推計によれば、総流入量の約７割が陸からの流入量となり、外海への流出量は外海からの流入量の７倍以上となる。

もちろん、これらは一部地域のデータであり、これだけをもって日本全体でどれだけのごみが海に流出し、あるいは漂着しているのかを測ることはできない。しかし、海を介して日本と世界がつながっており、日本もまた海ごみの排出に関わっていることは間違いがない。

▼使い捨てプラ禁止で海洋生物への被害は減るのか

インターネットやＳＮＳなどでは、アホウドリがプラスチック片を食べ過ぎて死亡した、クジラの胃袋からコンビニ袋が大量に出てきた、アザラシが遺棄された漁具に絡まった、ウミガメの鼻に吐き戻しに失敗したプラスチックごみが詰まっていた、というような海洋生物への被害状況が、痛々しい映像や写真とともに数多く流布している。しかし残念ながら、使い捨てプラスチックの製造流通を禁止しても、既に環境中に流出してしまったプラごみを回収しなければ、こうした被害は減らない。

２０１８年10月に庄内川・新川の河口（名古屋市）に大量に漂着したペットボトルの中には、20年前に製造されたものもあったという。プラごみの中には、劣化が遅く、半永久的に海洋を漂うものが多いのだ。日本政府も回収の重要性について「海洋プラスチックごみの問題は回収と発生源対策が両輪だ。プラスチック資源循環戦略によるシステムの充実と３Ｒ（リデュース・リユース・リサイクル）政策による発生量の削減を進めているが、出てしまったものの回収は国民運動として取り組まなければ難しい」（環境省）と認識している。

▼経産省と国内企業１５０社、官民連携でイノベーション加速へ

経済産業省は、海洋プラごみ問題の解決に向け、プラスチック製品の持続可能な使用や代替素材の開発・導入を推進し、官民連携でイノベーションを加速するため「クリーン・オーシャン・マテリアル・アライアンス（クロマ、ＣＬＯＭＡ）」を２０１８年11月20日に設立、国内企業に参加を呼びかけた。

２０１９年１月時点の参加企業・団体は、幹事26社、会員１３３社で、事務局を産業環境管理協会が務める。各作業部会の構成は、普及促進部会67社、技術部会54社、国際連携部会29社となっている。２０１９年３月15日には東京都内でセミナーを開催、味の素、花王、カネカ、レンゴーなど会員企業33社が自社の取り組みや技術のプレゼンテーションを行っている。

ＣＬＯＭＡは海洋プラ削減のため、ポイ捨て防止の徹底をはじめとする廃棄物の適正管理に加え、プラスチック製品の３Ｒの取り組みの強化や、生分解性に優れたプラスチック、紙など代替素材の開発と普及を促進することが重要とし、幅広く関係者の連携を強め、イノベーションの加速を狙う。次の４点に取り組むための実務母体とする考えだ。

①サプライチェーンを構成する関係事業者の間で、用途に応じた最適な代替素材の選択を容易にする為の技術情報・ビジネスマッチング・先行事例等の情報共有
②研究機関との技術交流や技術セミナー等による最新技術動向の把握
③国際機関、海外研究機関等との連携や発展途上国等への情報発信などの国際連携
④プラスチック製品全般の有効利用に関わる多様な企業間連携の促進等

▼海外展開の必要性

日本国内で海洋プラごみ削減の取り組みを推進しても、どこからか漏れて海洋へと流出するごみは減らず、河川敷でごみ拾い活動を行うＮＰＯ団体が清掃を行っても「いつの間にかまた増えている」という状況だ。個人の啓発活動やごみ拾い活動をより盛り上げていく中で、流出を限りなくゼロにしていく必要があるだろう。またペットボトルのようにリサイクルが非常に進展している分野にも、ボトルの材質は統一されたがキャップやラベルの材質がまちまちでモノマテリアル(単一素材)化の実現を阻んでいる、といった対策途上のテーマがまだまだ残っている。

一方、世界の排出状況を見ると、日本で発生する数万トンを減らしても根本的な問題解決には繋がらない。国内の取り組み以上に、排出量の多い国にノウハウを伝授し、日本とは比較にならない量の排出を減らして行くことには、大きな意義がある。

Q&A

Q ストローを紙製に変えることで海洋プラごみ削減に貢献できる？

A プラスチック製ストローはプラスチック全体から見ると使用量はごくわずかで、日本では道端や河川、海へのポイ捨ても多くはありません。海洋プラごみの削減に直接貢献することは難しいでしょう。

Q プラスチックごみの誤食で動物が死亡する例もあるのですか？

A 南北両半球間で大規模な渡りをする海鳥のハシボソミズナギドリでは、１９７０年代からプラスチック摂食が報告されています。２００５年の研究では調べた12個体すべてから、１羽当たり0.１～0.６ｇのプラスチック片が見つかりました。親がプラスチック片を餌と誤認して食べさせたため餓死したコアホウドリのヒナの死骸なども見つかっており、海鳥の種類によっては誤食による被害が増えています。また、２０１８年の11月にインドネシア東部の海岸に打ち上げられた体長9.５ｍのマッコウクジラの死骸から、１１５個のカップ、25枚のビニール袋、複数のペットボトル、２個のサンダル、千本を超える紐が入った袋など、大量のプラスチックごみが出てきました。ただし、腐敗が進んでいたため、プラスチックの誤食が直接の死因になったかどうかは特定されていません。

第2章

海洋プラごみの実態

第２章　海洋プラごみの実態

海洋プラの排出量は世界で年間８００万トンを超えると言われており、２０１５年に発表された試算によれば２０１０年推計で最も排出量が多いとされる中国からは１３２万～３５３万トン、日本からは２万～６万トンのプラごみが陸上から海洋に流出したという。これは人口密度や経済状態等から国別に推計されたもので、１～４位を東・東南アジアの国々が占めている。世界における海洋プラの排出量や排出の経路、影響等について各地の河川や海岸および海洋で調査やモニタリングなどが実施されているが、陸から河川、海まで範囲が広く、全世界の全地域が関わる問題ということもあり、前述の試算を除き全体量を図るデータはほとんど存在しないのが実情だ。現状の把握や影響の調査、問題解決に向けた活動のいずれにおいても、世界的な連携・協力が求められる。

■海洋に流出したプラスチックごみ発生量（2010年推計）

１位	中国	132万～353万トン
２位	インドネシア	48万～129万トン
３位	フィリピン	28万～75万トン
４位	ベトナム	28万～73万トン
５位	スリランカ	24万～63万トン
：		
20位	米国	４万～11万トン
：		
30位	日本	２万～６万トン

（出典：環境省「プラスチックを取り巻く国内外の状況」）

海に流出したプラごみは、人が回収をしない限りは海を漂い、海岸に漂着し、あるいは海底に沈み堆積し続けると考えられる。プラスチックは安定性が高く、自然環境中で分解しにくいという性質を持つためである。ごみを海に出さないことも大事だが、出てしまったものの回収も必要だ。しかし一方で、回収には限界がある。人手や予算の面も大きく、人の手の届かないところもある。風雨や波、紫外線などによって細かい粒にまで砕かれたプラスチック片は、砂や土に混ざったり海洋全体に広がってしまうと、とても拾いきれない。回収だけでなく発生源対策も重要だ。そのためには、実態を把握する必要がある。

▼回収活動から見えてくること

１９８６年、米国の環境ＮＧＯであるオーシャン・コンサーバンシーが、インターナショナル・コースタル・クリーンアップ（ＩＣＣ、国際海岸クリーンアップ）キャンペーンを開始した。これは、世界で同時期に一斉にごみ拾いをして、その個数や内訳を記録することで、海岸の状況を明らかにしようという試みだ。ごみを拾うだけではなく、海洋プラごみ問題の根本的な解決を目指したもので、現在では毎年１００カ国前後の国と地域で行われている。日本でも１９９０年に開始され、これを契機として翌１９９１年に一般社団法人ＪＥＡＮ（※）が発足した。以来、ＪＥＡＮは日本における全国事務局として、毎年ＩＣＣを取りまとめているほか、ＩＣＣの実施時期である秋（９～10月）だけでなく春（４～６月）にも一斉清掃キャンペーンを実施している。

また、日本で一番広い川幅を持つ荒川（国土交通省基準）において、荒川クリーンエイドという年間を通じた清掃ボランティア活動の運営全般を担っている荒川クリーンエイド・フォーラムは、ＩＣＣに準拠したごみ調査カードを用いる「調べるごみ拾い」を推奨している。荒川は、埼玉県と東京都を流れ東京湾に注ぐ河川で、流域人口は１０００万人を超える。荒川クリーンエイドは、荒川下流域の約30㎞を対象に実施されており、２０１７年には両岸合わせて32・３％の範囲をカバーした。荒川クリーンエイド・フォーラムでは、ＩＣＣの時期である秋の記録をＪＥＡＮを通じてＩＣＣキャンペーンに報告しており、ＪＥＡＮがまとめたＩＣＣの記録には荒川クリーンエイドの数字も含まれている。

※ＪＥＡＮ＝Japan Environmental Action Network

ＩＣＣは、プラスチックに限らず、ごみを回収し調査・記録する活動だが、その結果を見るとプラスチック製品やその欠片が非常に多いことが分かる。国際的に数多く回収されているたばこのフィルターもプラスチック製（半合成繊維）だ。表中の「カキ養殖用まめ管」は、日本で数が多いためＩＣＣの共通項目に加えて記録されているもので、瀬戸内海や伊勢湾などで行われる垂下式カキ養殖で使用されている道具の一つだ。多くは荒天で養殖いかだが壊れたときに流出するとされている。ＪＥＡＮのクリーンアップ結果概要によ

「カキ養殖用まめ管」

■国内ＩＣＣ総合トップ10品目（個数ベース）

順位	2015年	2016年	2017年
1	硬質プラ破片	硬質プラ破片	カキ養殖用まめ管
2	発泡スチロール破片	たばこの吸殻・フィルター	硬質プラ破片
3	たばこの吸殻・フィルター	プラシートや袋の破片	たばこの吸殻・フィルター
4	プラシートや袋の破片	カキ養殖用まめ管	発泡スチロール破片
5	飲料用プラボトル	発泡スチロール破片	プラシートや袋の破片
6	食品の包装・袋	飲料用プラボトル	飲料用プラボトル
7	カキ養殖用まめ管	食品の包装・袋	食品の包装・袋
8	その他プラ袋	その他プラ袋	ボトルキャップ（プラ）
9	飲料缶	飲料缶	飲料缶
10	食品容器（プラ）	食品容器（プラ）	食品容器（プラ）

ＪＥＡＮのクリーンアップキャンペーン結果概要から作成（網掛けはプラ製品）

ると、２０１７年の水辺等における漂着散乱ごみは、数量もさることながら種類が多く、破片／かけら類が全体の３割近くを占めていた。破片類を除くと、陸起源とみられるごみと海・河川・湖沼起源とみられるごみの割合は２対１で陸域起源が主となっている。また、陸起源とみられるごみの９割以上が、日常生活において「飲料」「食品」「喫煙」「生活」の４つの分野で使用されているプラ製品だった。

▼荒川クリーンエイド・フォーラムの取り組み

荒川クリーンエイド・フォーラムでは、１年間に荒川で実施された「調べるごみ拾い」のデータを記録・公開している。２０１７年に回収されたごみは、粗大ごみでは材木・角材が多く、

■荒川のごみ上位10品目_2017年

順位	粗大ごみ (その他を除く)	散乱ごみ (破片・かけら類を除く)
1	材木・角材	飲料ペットボトル
2	プラケース・プラカゴ(衣装ケース)	食品の発泡スチロール容器
3	自転車・三輪車(本体または部品)	食品のポリ袋(菓子など)
4	タイヤ	食品のプラ容器
5	傘	飲料缶
6	建築・工事用資機材(パイプ・ブロック等)	飲料びん
7	発泡スチロール箱	ポリ袋(レジ袋、食品用以外)
8	ポリタンク	飲料ペットボトルのキャップ
9	プラ製以外のカゴ・箱類	買い物レジ袋
10	プランターボックスなど大型園芸用品	プラボトル

荒川クリーンエイド・フォーラム2017年報告集より作成

散乱ごみでは飲料ペットボトルが９年連続で１位となった。また散乱ごみのうち上位６品目は飲食の容器包装関係ごみが占めており、用途別の割合で見ると容器包装関係のごみ（飲食以外も含む）は全体の約75％だった。

ペットボトルが多く散乱している状況から、荒川クリーンエイド・フォーラムでは２０１０年から拾ったペットボトルの容量と中身を調査する活動を実施している。２０１０〜２０１３年の調査では、回収された清涼飲料ボトルの中身は水とお茶が５割以上を占めており、全国の清涼飲料ＰＥＴボトル生産割合とほぼ一致したという。

▼発生源はどこなのか？

海岸に漂着するプラごみは、海岸や海洋で発生したもののほかに、陸から出て河川を通り、海に流れ着いたものも多く含まれている。破片やかけらの中には、人工芝の切れ端やレジンペレット（プラ製品の中間原料）など、陸のみで使われているものもある。レジンペレットは工場で製品を作る際に使用されるものだが、輸送・運搬の際にこぼれたり、工場の排水溝などから漏出している例があるようだ。工業会でも把握をして対策を進めているが、小さな工場が多く存在し、販路も多岐にわたることから、全ての穴をふさぐには至っていない。

ポイ捨てや不法投棄も発生源の一つと考えられる。しかし、日本においては実際にポイ捨てをする人の割合は多くないと言われており、劣化した人工芝やレジンペレットなどの意図して出されたわけではないであろうごみも含まれることから、ルールから逸脱したごみにのみ対処するのでは不十分だということが分かる。

マイクロプラスチック（直径5㎜以下のプラスチック、以下ＭＰ）の調査等を実施している四日市大学環境情報学部は、台風が過ぎた後の２０１８年10月末に名古屋市の庄内川と新川における河口部の中堤防で大量のペットボトルが漂着しているのを発見した。回収したペットボトルの販売年代推定をＰＥＴボトル協議会が行ったところ、回収されたペットボトルのうち、42・2％は２００６〜２０１０年頃に製造されたもので、１９９６〜２０００年頃に製造されたものも4.8％存在したという。直近2年の２０１６〜２０１８年に製造されたと推定されたペットボトルは12・2％に過ぎなかった。庄内川と新川の河口部にはヨシ帯（ヨシ原）が広がっているため、ヨシ帯に入り込んで長期間出てこなかったボトルが、台風による高潮で浮き上がり、再漂着したものと同大学は推測している。全国にヨシ帯を持つ河川は無数にあり、そこにも相当数のプラごみが堆積している可能性があるという。一度環境中に流出したプラごみは、周囲の状況によっては非常に長い期間陸上で保持されるものと考えられ、台風や河川の増水などをきっかけに河川へ、そして海洋に流れ出すと推測される。

▼実態把握のための研究広がる

海洋プラごみについてはまだ分かっていないことも多い。発生源やプラスチックが崩壊するメカニズム、環境や健康への影響など、多くの研究が現在進行中だ。一例として、米ダウ・ケミカル（現ダウ）は、日本国内でプラスチック廃棄物の影響を調査するため「無人モニタリング手法による河川ごみの調査」を行った。これは、同社が世界的な海洋ごみ問題への対処に向けた計画の一環として、東京理科大学および日本プラスチック工業連盟（プラ工連）と共同で実施したものである。関東地方を流れる江戸川および大堀川において、２０１７年７月から川の廃水樋管に設置した自動ビデオ観測装置により、年間を通じて河川を流れるごみを継続的に記録する手法で調査を実施し、その結果、河川における大きいサイズのプラごみ（ＭＰでないもの）が流れる量を把握、こうしたプラごみが出水時に集中して流れていることを突き止めた。また、年間値ベースで大きなプラごみとＭＰの流れる量は同程度であることを観測した。流域圏全体におけるプラごみ削減などの発生源対策が、海洋プラごみ問題解決のために不可欠であることを示すものだ。

前述の荒川クリーンエイド・フォーラムは、水際のごみ漂着量と組成の調査を定点エリアで定量的に調べる調査を実施、ごみが溜まりやすいエリアで一定期間にどれだけのごみが溜まるかを確認している。現在のところ、表層のごみを全て回収しても、２カ月で１㎡当たり湿重量（乾燥していない重さ）２～４㎏のごみが漂着する結果になっているという。

また、プラ工連と荒川クリーンエイド・フォーラムは共同で、荒川の支流を流れるプラごみの調査を計画している。荒川と支流をつなぐ排水ポンプ場で回収されたごみの量と内容を調査し、流域人口と流出するごみ量の相関関係やその内容を分析し、荒川における河川プラごみの実態を調査する考えだ。

成果はこれからの研究も多いが、明らかになっていることもある。様々な視点からの研究成果が蓄積していくことで、海洋プラごみ問題の全容も見えてくるだろう。この問題が注目を集める今こそ研究の進展が期待される。

インタビュー

◇JEAN〜マイクロプラスチックは末期的な状態　全てを回収することはできない

JEANは、1990年9月にインターナショナル・コースタル・クリーンアップ（ICC）というアメリカ発の活動を始めたことをきっかけとして、翌年1月に発足したNGOだ。設立当初から一貫して海のごみ問題を専門に、拾ってきれいにするだけでなく問題全体を解決・改善することを目標として活動してきた。事務局長兼副代表理事の小島あずさ氏は、マイクロプラスチック（MP）は末期的な状態と語り「まずは現場を見に来て欲しい」と訴える。

インタビューのキーポイント

- ポイ捨てだけが発生源ではない
- リサイクル最優先の姿勢をやめリデュース最優先に
- 迅速化のためNGOも参加できる基金を

JEAN
小島 あずさ 事務局長兼副代表理事

▽ＪＥＡＮはどのような活動をしているのか？

ＩＣＣでは、各地でボランティアが集めたごみを、どんなものがいくつあるのか個数で数えて記録し、国や地域ごとにまとめて世界中で集計することで沿岸のごみの状況を把握している。

ＪＥＡＮの活動開始翌年、１９９１年の春にはすでに、プラスチック製品の原料であるレジンペレットの漏出に気が付いていた。これはＩＣＣの団体から招聘した当時の担当ディレクターに教えられて気付いたが、私たち自身がクリーンアップ会場を持つ湘南海岸では、再生ペレットや顔料ペレットなど複数種類のレジンペレットが大量に落ちていた。それが春のことだったので、同年秋のＩＣＣでは湘南海岸で集めたレジンペレットをサンプルとして全国のキャプテン（各クリーンアップ会場のリーダー）たちに送り、同じものが海岸にあるかを各会場で調べてほしいと呼びかけた。そうしたら、海岸だけでなく港湾近くで積み荷が破断してこぼれているとか、トラックの積み替えステーション近くの田んぼにたくさん入り込んでいるとか、道路にこぼれているとか、意外なところに大量に漏出していることがわかった。

当時、プラ製品の原料がなぜかごみになっているという事実が広く報道されて、すぐに当時の日本プラスチック工業連盟（プラ工連）の専務理事から連絡があり「すぐに委員会を作って状況を調査する。現場を見たいので案内してほしい」と言われた。ペレット自体を製品として作っている工場は管理が非常に行き届いており、私も見学に行ったが製品をほぼ真空状態で袋に詰めるので一粒たりともこぼれていない。そういう状況を日常的な業務形態として体験している専務だったので、現場では非常に驚愕していた。プラ工連は、アメリカにある工業会の取り組みなども調査して「漏出防止マニュアル」を作ることになったが、残念ながらペレットを原料として使用するユーザー側では、連盟の会員になっていないような小規模な事業所も多く、いくら注意喚起の資料を作っても会員以外の事業所に配る道筋が確立できず、普及啓発や注意喚起が行き届いていないと聞いた。それに、日本の場合は出荷されたレジンペレットの全てが製品原料になるわけではなく、一度商社に入った後に、ぬいぐるみの詰め物など業界の人が想像していなかったような使われ方をしている場合がある。それがどの分野にどのくらい使われていてどのような管理になっているかは、連盟では把握するすべがないと聞いている。

▽現状についてどう認識しているか？

レジンペレットは今も海岸に多くある。業界の反応が非常に早かったので、最初の頃は早期に相当量削減すると期待していたが、残念ながら減っている実感は全くない。地域にプラスチック産業がないような離島の海岸でも、レジンペレットが大量に存在する場所がある。

レジンペレットなどのＭＰと言われるサイズ（直径５㎜以下）になってしまうと、誰もが通常の清掃活動で分かるものではなく、意識して小さいものを見る視点で探さなければ分からない。クリーンアップでは、大きなごみを回収するのと同時に破片類もできる限り、時間の許す限り回収するのだが、大きなごみと同じレベルで海岸全体にある小さなものを回収するのは不可能だ。たとえふるいを使っても、木くずなど海岸に残しておくべきものも一緒に取ってしまうことになるので、調査のために狭い範囲で回収することはできても、清掃と同じように取り除くことはもうできない。

日本では、海岸のごみは景観を損ねる美観上の問題として捉えられていた時代が長かった。清掃には時間と人手と費用がかかるので、長い海岸線全体のごみを拾うことはできないし、予算にも限界があるので、地域ごとに優先度をつけて人とお金を投入できるところからやっていくしかない。どれくらいの量のごみがどれだけの海岸線に広がっているか、誰も調べていないため正確には分からないが、大量のごみが堆積している場所はおそらく日本だけでも数百数千とあるだろう。

どんな種類のごみがどのくらい流れ着くかの構成割合は、場所によって全く違う。漂着しているごみの全体量も海岸によって差があり、拾っても拾っても追いつかない溜まりやすい場所もあれば、年に1〜2回清掃すれば十分きれいな状態が保たれる場所もある。

▽海洋プラごみの何が問題か

海洋プラごみの問題点はたくさんあるが、ICCが始まるきっかけになったのは、生き物への絡まりと誤飲誤食の問題だ。JEANで過去の文献を調べたところ、実は論文などで誤飲や絡まりが指摘されているケースは1960年代にすでに存在している。外洋におけるレジンペレットの発見も1970年代初頭にはされていて、サルガッソー海に海藻の調査に行った研究者が、海藻にいっぱい付いた白いつぶつぶを調べてみたらプラスチックだったという話がある。その論文では、消費者が直接使うものではないが、製品原料が外洋まで及んでいるのは環境への影響が心配だとして「このまま何もしなければ近い将来人類はプラスチックのビーチを歩くことになるだろう」と述べているが、それが今現実になっている。

場所によって違うが、海岸にあるごみの7割くらいはプラ製品とその破片で、圧倒的にプラスチックの量が多い。プラスチックの長所である物質としての安定性や運搬に便利な軽量性が、ごみになってしまうと分解しないため環境中にずっと残ったり、簡単に移動してしまったりと、非常に皮肉な状態になっている。

鳥やウミガメなど動物の誤飲誤食や絡まりの被害は言葉だけではなかなか伝わらないので、生々しいものだが死亡した動物の写真をパネルにしたものや、海岸で回収した漂着ごみの実物を使った展示物を作って貸し出すなどの活動に力を入れてきた。ただ、こうしたものを利用してくれる人はもともと関心がある人だ。プラごみの総量を減らすには、そこまで関心がない人にも、もっと自分に関わる問題だということを分かってもらわなければならない。これは簡単なことではなく、私たちのようなＮＧＯだけではなく、学校などの教育機関や企業、役所など多くの人と一緒にやる必要があると思っている。

▽海洋プラごみの発生源について

海岸に来た人、遊びに来た人が置いていくものはもちろん、漁業や釣り、港湾作業などで使用している資材がごみになることもある。船からも船内の生活で出たものを捨ててしまう場合がある。船舶からのごみの投棄を禁止する国際的な条約はあるが、全ての国は参加しておらず、ルールを守っているかの監視があるわけでもない。海岸のごみも、風向きなどの気象条件が変わると海に再流出する。海のごみは誰かが回収して陸上で処理しない限り移動を続けていて、一度漂着したものが他の場所に移動することもある。

さらに、陸域で発生するごみも海に流出している。よく言われるのはポイ捨てで、いくつかの調査によると日本の場合ポイ捨てをする人は全人口の１％ないし２％以下と言われている。実際に町を歩いていても、目の前で誰かがポイ捨てするのが日常的な光景ではなく、日本の町中は比較的きれいだと思う。その中でごくわずかな人がポイ捨てをする。しかし、それが川ごみや海ごみの主たる原因ではなく、意図しない散乱というものもある。人工芝など屋外で使っているものは、踏まれて劣化すれば先がちぎれて、そこに雨が降れば排水溝から川を経て海に出る。工事現場で使われるような標識用のプラスチックコーンなども、破片になって大量に散乱している。町の中でも、ポイ捨てされたごみだけでなく、清掃車がごみを積む作業の時に袋がきちんと縛っていなくて中身がこぼれたり、回収までの間に強風でネットが飛んだり、カラスが散らかしたり、市街地全体で少しずつ散乱する。散乱ごみと言ったらポイ捨てだと言われるが、実際はそれだけではない。もちろん山や谷の中などの回収もできないような場所にトラックで捨てていくような不法投棄もある。

誰も調査をしていないので数字は分からないが、密度は低いながら陸域でポイ捨ても含め管理不十分なものが相当数散乱していて、そのうちのごく一部が水路に入る。海にたどり着くのは町中の散乱ごみのうちごく一部のはずだが、海岸には繰り返し漂着するので密度が高くなる。海全体の総量としてはおそらくさらに多いだろう。ダイバーや漁師の方が海中のものも一部回収しているが、全部を回収することはできない。

▽化学業界や政府への要望について

汚れた海岸の実態は、漂着被害がひどい地域で清掃をしている人や回収処理を担当している自治体にしか知られていない。中には、道がついておらず降りるのが大変な海岸で、プラスチックが１ｍ以上堆積して地面がふわふわになっていた例もある。一度でいいので被害のひどいところに企業・業界や行政の人が来てくれれば、本当に深刻な状態だということがわかると思う。

プラ製品を作っている企業も、容器包装などとして使用している企業も、一度現場を見に来てほしい。荒川の河口や湘南海岸など東京から行きやすい場所にもごみはあるが、太平洋側ではすぐ外洋に流出して見えなくなってしまうので、そこだけ見たのでは事の深刻さは分からない。ＭＰのことばかりが注目されているが、もともとのプラごみの末路がＭＰだ。ＭＰというのは末期的な状態で、ここまでくると回収することができない。

国に対しては、リサイクル最優先のような考え方をもっと明確にリデュース（削減）最優先に切り替えて、減らすということを前面に打ち出してほしい。リサイクルはして当然のことで、リサイクルさえすれば解決するという話ではない。まずは使い捨てのものを削減して、一度でごみになる使い方ではなく、プラスチックの安定性を生かした長く大事にするものに使うようになっていってほしい。

▽問題解決のために何が必要か

プラスチックによる海洋汚染に取り組むための国際的な基金が必要だと考えている。ＩＣＣでつながっている世界各国の仲間も同じ考えだ。例えば、日常的な散乱や放出だけでなく災害起因の流出など緊急的な事態になった時に、海に出てしまったごみに対して国際的に協力して対応するための基金であるとか、そういったものが不足している。ほかに、海洋へのプラごみ排出量が多いと言われている途上国に対する支援についても各国政府がこれから対策を考えていくのだろうが、国同士だけでなく共通の海を大事に守るという考えで、ＮＧＯが参加できるスキームの国際基金が必要だと思っている。国だけでは時間がかかるが、ＮＧＯなら早く動ける。

使い捨てプラ製品への規制については、日本では業界の自主的な取り組みに委ねている範囲が広く、それはそれで大事なことだが、やはり規制は必要だと思う。例えば使用量の削減をするとか、環境中に出やすい分野では分解性のない製品の使用を制限するなど「作るな売るな」というだけでなく使い方に対する規制もあるだろう。

ＭＰが注目されたのは３～４年前からだが、この問題は20年以上前から続いている。例えばプラスチックが海岸にあって拾えない状況があっても、これはこれで何も問題がないということであれば、見た目だけの話で気にすることはないのかもしれないが、やはり人が作り出し合成したものが自然環境中にあるということは問題だと思っていて、今は相当末期的な状態だと考えている。海岸のごみを回収して正しく処理するというのは重要なことだが、全部は拾えない。外洋で漂流するプラスチックを回収する試みもあるが、遊泳力のない稚魚や魚の卵も一緒に取ってしまう。水産資源の枯渇が叫ばれるなかで、稚仔魚への影響よりもプラごみの回収を優先していいのかは、丁寧な検討が必要だ。問題を知れば知るほど色んな事情が絡み合っていて、一言でどうするべきかは言えないが、これ以上悪化させないよう取り組んでいかなければならない。

◆ＪＥＡＮのご紹介

ＪＥＡＮは、ごみのない健やかできれいな海を未来に残すために、日本で唯一、海洋ごみ問題を専門として１９９０年から活動を続けている非営利団体です。海洋ごみ問題の解決のために、情報の収集と発信、調査研究、広報・啓発、クリーンアップや、被害甚大地域の支援、政策提言などを行っています。

ＪＥＡＮの活動にお力をお貸しください。年間サポートは２種類。ご寄付もお待ちしております。

一般社団法人　ＪＥＡＮ
〒１８５-００２１　東京都国分寺市南町３-４-１２マンションソフィア２０２
電話：０４２-３２２-０７１２　ＦＡＸ：０４２-３２４-８２５２
ホームページ：http://www.jean.jp/
フェイスブック：https://www.facebook.com/JEAN.cleanup
海ごみフェイスブック：https://www.facebook.com/malipjapan

インタビュー

◇荒川クリーンエイド・フォーラム～リサイクル率は限界値近い

総量規制以外の方法が見えない

ＮＰＯ法人荒川クリーンエイド・フォーラムは、１９９４年の一斉ごみ拾い「荒川クリーンエイド」（クリーンとエイドを足した造語、ごみを拾って自然を助け豊かにする活動）に端を発し、活動は２０１９年で26年目。調べるごみ拾いを推奨しており、国の事業である荒川クリーンエイドという年間を通じた清掃ボランティア活動の運営全般を担っている。企業の原体験プログラムやＣＳＲ活動を提案しており、クリーンエイドを開催する団体のうち約半数が企業だ。秋のクリーンエイド実施内容はＪＥＡＮを通じてインターナショナル・コースタル・クリーンアップ（ＩＣＣ、国際海岸クリーンアップ）に報告することで同調査の一端も担う。事務局長兼

荒川クリーンエイド
今村 和志 事務局長兼理事

理事の今村和志氏は、海洋プラごみ問題への対策として「現状では総量規制以外の方法が見えない」と語る。

インタビューのキーポイント

- ●毎年発生する／すでに溜まっているごみが回収量を超えている
- ●現場を見ることでしか分からないことがある
- ●力を合わせイノベーション創出を

▽河川ごみの現状

荒川の護岸は、自然護岸といって河川の植生を生かして整備された箇所と、コンクリートなどの人工物で整備されたコンクリート護岸の２種類に分かれる。ヨシなどが生えている自然護岸ではヨシの間にプラスチックごみ（プラごみ）が多く堆積しているが、コンクリート護岸には植物のような堆積しやすい場所がないのでそのまま流れていく。また、橋などの構造物の影響で流れが変わり、ごみが溜まりやすい箇所ができるため、ごみの溜まりやすさにはムラがある。鹿児島大学の藤枝繁特任教授の研究によれば、海岸では瀬戸内海の調査で1〜2割の海岸に7〜8割のごみが集まっているという研究データがあるが、それは海流や岸の状態などの条件による。荒川の場合は岸の状態や構造物によってごみの溜まりやすさが決まると考えられる。

荒川は流域人口が1000万人を超えるが、その末端となる荒川河口から3㎞地点で採取した土を見ると、プラごみと土の構成比がほぼ1対1くらいになってしまっている。ここ数年は少なくとも年間1万人以上で清掃活動をしているが、25年続けても荒川のごみはなくならない。もともとプラスチックは水とCO_2に分解されるまでに20〜30年、下手をすれば数百年〜数千年かかるといわれており、これまで堆積してきたプラごみと、現に今流れてきているプラごみが、年間の回収量を超えているということだ。荒川クリーンエイド・フォーラムの最終的な目的は「河川ごみ問題解決による解散」だが、現状では叶いそうもない。

荒川下流域では、国土交通省荒川下流河川事務所が「ゴミ対策アクションプランⅡ」という仕組みを整備しており、日本で唯一、年間を通じて清掃活動ができる。回収したごみのうち、粗大ごみは国土交通省、散乱ごみは沿川自治体が処理する。この仕組みによって年間1万人超のごみ拾いが実現しているともいえる。これは自然界に出てしまったごみを回収するという意味ではモデル的な活動と言える。今後、広がっていってほしい。

▽「調べるごみ拾い」によるごみ回収

クリーンエイドを実施する一部会場では、ＩＣＣに準拠した「ごみ調査カード」を用いて、ごみを拾いながら種類別にごみの個数を数えて記録する。２０１７年度に荒川で回収されたごみのおよそ6割（個数ベース）はプラスチックの容器包装類だった。少なくとも回収した分のごみが海に流出することを防いでおり、河川ごみのＭＰ化を抑制している。毎年一定量を回収しており、継続して実績を積んでいる。ごみの回収量は、２０１８年度も２０１７年度とほぼ同じくらいの数字になりそうだ。

調べるごみ拾いでは参加者が目についたものを回収するが、埋もれてしまうごみもあり、見つけやすく回収しやすいペットボトルが上位になりやすい傾向がある。数は確かに多いのだが、例えばペットボトルを回収した後の地面に、ポリ袋がたくさん張り付いていることもある。泥を巻き込んで劣化したポリ袋は、引っ張ってもぼろぼろになってしまうため、回収が難しい。破片ごみ（元の製品に対して３分の２以下の大きさになった破片）も数えて回収している。レジンペレット（プラスチック製品の中間原料）などのＭＰもあり、正確に（ＭＰの定義である）５㎜サイズ以下かどうかを測っているわけではないが、１㎝未満のプラごみの回収は非常に困難だ。年間で拾うごみの総量は、参加者数やごみが大量に堆積している場所を何カ所清掃したかということによっても変わってくる。

▽現状把握のための調査・研究に着手

海洋ごみを減らすには、まず河川ごみ問題に着目し、海に出る前に河川ごみを回収することが重要で、現在、三井物産環境基金から３カ年の資金援助を受けている。ごみの回収だけではなく、出てしまったごみをどうやって対処すればいいかという調査・研究も行っている。その結果、ごみの溜まりやすい場所に人と予算を集中していくことで効率的な活動につながるということが見えてきた。

例えば、荒川河口から３㎞地点には多くのごみが漂着・堆積しやすいエリアがあり、潮汐の影響などで、荒川流域だけでなく東京湾からごみが遡上してくる可能性がある。このエリアがごみを集めやすい特性を持っていることを利用して、積極的なごみ回収の場として生かすことも考えられる。

水際のごみ漂着量とその組成の調査を定点エリアで定量的に調べ、荒川のごみの総量や漂着周期などを推測するための基礎データとして蓄積する調査も実施しており、ごみが溜まりやすいエリアで一定期間にどれくらい溜まるかを見ている。同じエリアを２カ月に１回見ていると、毎回１㎡当たり湿重量（乾燥していない重さ）で２㎏から４㎏くらいの量が溜まっており、表層にあるごみを周辺も含めて全量回収しても、時間の経過とともにごみが漂着してしまう。

また、日本プラスチック工業連盟（プラ工連）と共同で、単位人口当たりどれくらいのごみが河川に出るかを調べる調査も計画している。荒川と支流をつなぐ排水ポンプ場で、流入口に取り付けられたグレーチング（下水・側溝蓋などで使われる鋼製の格子蓋）に引っ掛かったごみを除塵機により回収し、その量と内容を調査する予定で、流域内人口と河川ごみ量の相関関係やその内容を分析する調査活動として、現在実施時期の調整をしているところだ。

三井物産環境基金からの資金援助は２０１９年度で終わるため、その後をどうするかという課題がある。５年間でもいいので安定した予算があれば、調査を専門にする人員も雇えるが、資金調達が困難でなかなか難しい。

▽クリーンエイドを通じた啓発活動

まずは荒川クリーンエイドへの参加を通じて、過剰包装や使い捨て文化について今一度考えてほしいと思っている。また、クリーンエイドの前後には参加者を対象に講話やワークショップも開いているのだが、世の中では環境保護の手段として「リサイクル」という言葉が前面に出過ぎていると感じる。リサイクル自体が目的なのではなく、CO_2発生抑制や生物多様性の保護など総合的に考えて、本当にリサイクルという方法がいいのかを考えないといけないという話もしている。そもそも日本人はリサイクルというと古くなったものやごみを新しい物に作り替えることをイメージする人が多いが、日本では6割近くが燃やして熱回収を行うエネルギーリカバリー(サーマルリサイクル)である。レジ袋の代替品としてのエコバッグについても、捨てるまでに使う回数が少なければかえって環境負荷が高くなるので、製造（生産）から消費までトータルで考えて行動していかなければいけないことなども伝えている。

啓発に関しては、寄稿や報告集の作成などを通じた発信も行っている。しかし、なかなかフィードバックもなく、数字になるものでもないので、効果が見えないという課題がある。

海洋プラごみ問題は半ばブームのような状態になっており、寄稿の機会なども増えているが、今後も世間の関心が続いていくかは分からない。これをブームで終わらせないためには、やはりそれぞれ個々人が自分事にしなければいけないのだと思う。現在、MPが生物に及ぼす影響など、まだ明らかになっていない事が多い。研究を進めて、自分事につながるような具体的な影響を明らかにすることで、真剣に取り組まなければいけない問題だという裏付けを取ることは大事だと思う。誰しも、自分に関わるものだというところがないと、おそらく続けられない。荒川クリーンエイドにしても、25年経っても終わらない活動であり、永遠にゴールが見えないのでは同じ人がずっと取り組み続けるのは普通に考えれば無理な話だ。活動の意義を担保するものが見えないと、難しいのではないかと感じている。

▽企業によるクリーンエイドの意義

現場を見ることでしか分からないことは多いので、まずは現場を見てほしい。企業であれば、そこから本業の活動につながる部分もある。例えば、荒川クリーンエイドを多く実施している金融系の業種なら、銀行周りでも定期的なごみ拾いをやっていることが多い。陸から来たごみが河川に多く存在する現状を見ることで、普段のごみ拾いが河川ごみを減らすことにもつながっていると気付いてもらえる。プラスチック製品を作っている製造業なら、プラごみが流出し堆積してしまう状態から、どうしたら根本的な解決ができるか、技術革新につなげるアイデアのベースにしてもらう。そうした「理解の底上げ」をすることで、新しい技術の開発やイノベーションにつながることを期待したい。技術革新については、業界団体だけではなく、個々の企業に来てもらわないとどうにもならない部分があると感じている。現場の状況を写真で知っていても、拾う体験を通じて得られた実感がないと、なかなかその先の議論につながっていかないのではないだろうか。

▽世界の海洋プラごみ問題を解決するために

海洋プラごみ問題は、もはや日本だけの問題ではない。日本ではそれなりにごみの管理が進んでいることを考えると、流出してしまったごみの回収活動事例やリサイクル回収事例など、日本の事例をモデルとして世界に発信していくのがいいのだと思う。日本は社会課題先進国で、色々な問題に早いうちから直面してきた。これまで蓄積した情報を発信して、世界全体を良くしていく必要があると考えている。

国内のプラごみリサイクル率（厳密にはリサイクルの定義について議論がある）は２０１６年時点で84％と言われており、16％は単純焼却か埋め立てされている。８割強がリサイクル（マテリアルリサイクル23％、ケミカルリサイクル４％、エネルギーリカバリー57％）されている状態から、さらにこの数値を上げていくのはなかなか難しい。ごみの総量を減らしながらイノベーションを目指す、という両輪で取り組んでいかなければならないだろう。ただし、河川ごみはこの（リサイクルされていない）16％に含まれておらず、正確な数字は分からない。日本の場合、流出して河川ごみや海洋ごみになるのは、ごみ全量の数％くらいではないかという話もある。９割は一定の管理の中に含まれているが、例えば荒川のように流域人口が１０００万人いる河川では数％が積もり積もって、荒川河口のような状態になってしまう。管理できている割合が高い状態で、残りの数％を減らすのは非常に難しく、リサイクル率も限界に近い。現状では総量を規制する以外の手が見つからない。

解決のためには、ＮＰＯも企業も行政も一丸となって取り組んでいく必要がある。これまでなかなかどこも真剣に取り組み切れていないので、パートナーシップを組んで「本当に解決するんだ」という「熱意」が必要なのだろうと感じている。製造業も含め、とにかく多くの人に現場を見てもらい、一緒に解決に向けて動いていきたい。その時は「川が汚いからきれいにする」などの単純な思いで、多くの人の意見が一致するところをベースに考えていくのがいいのではないかと思う。ゆくゆくは我々の団体が解散することができる社会が理想的だ。

◆荒川クリーンエイド・フォーラムのご紹介

荒川クリーンエイド・フォーラムは、河川／海洋ごみ問題を解決し、人が自然と共生する社会を取り戻すことを目指しています。豊かな自然環境を未来に残すためにぜひ応援してください。

ＮＰＯ法人　荒川クリーンエイド・フォーラム
住所：〒１３２-００３３　東京都江戸川区東小松川３-３５-１３-２０４
ＮＩＣハイム船堀（小松川市民ファーム内）
電話：０３-３６５４-７２４０　ＦＡＸ：０３-３６５４-７２５６
ホームページ：https://www.cleanaid.jp/

Q&A

Ⓠ樹脂ペレット（レジンペレット）とは？

Ⓐ樹脂製品（プラスチック製品）の原料となる小さな粒で、これに熱を加えて溶かし固めることで様々な形の製品が作られています。環境中の脂溶性化学物質を吸着する働きがあることが知られており、工場や倉庫等から意図せずに漏れ、路上や河川、海洋に流出して遠くまで拡散していることが分かっています。海鳥の砂袋から小石とともに見つかった例も報告されています。

第3章

国内の廃棄物管理の過去・現在・未来

第３章・国内の廃棄物管理の過去・現在・未来

日本の近代化はごみとの戦いの歴史でもあった。戦いの中で、一般消費者によるごみの分別と、行政による回収に支えられた高度な廃棄物管理システムを築いてきた。分別・回収の習慣は、もはやほとんど意識することがないほど生活に根付いているが、明治元年（１８６８年）に始まった近代１５０年の歴史の中で、現在の廃棄物管理システムがスタートしたのは僅か30年ほど前だ。

▼日本の廃プラ管理は「世界一」

海外からの移住者は必ず、と言って良いほど、ごみの分別ルールの細かさに面食らうという。しかし協調を重んじ、周囲に迷惑をかけないよう行動する日本人の国民性や、古来より育まれてきた「モッタイナイ」精神をうまく捉えたルール作りの甲斐あって「面倒くさい」分別作業が生活に根付き、結果としてプラごみの有効利用率の高さにも繋がっている。この身近な習慣こそが、日本の廃プラ管理が「世界一」と誇れる点だ。

現在、日本では１年間に約１０００万トン規模のプラスチック製品が作られ、

８９９万トンが廃棄されている。そのうち86％（７７４万トン相当）が何らかの形で有効利用され、埋め立てや単純焼却に回るのは14％（１２６万トン相当）にとどまっている。一方、世界全体では、14～18％の廃プラスチックしかリサイクルされておらず、残り24％が焼却処分され、58～62％は不法に投棄／焼却されていることを踏まえると、日本ではいかに漏れの少ない優れた管理がされているかが分かる（ただしこの割合に対しての見解が日欧で分かれている点は後述する）。

分別用ごみ箱

▼野焼きから焼却へ／国内プラ産業本格化

廃棄物管理の歴史を見てみると、１９００年代前半にはすでにごみ処理は行政の管理下にあったものの、処理の仕方は原始的で、ごみを積み上げて燃やす「野焼き」が行われていた。戦後には急速な経済発展でごみの量が増えたため、野焼きが追いつかず「野積み」も行われ、周囲に悪臭が漂うなど公衆衛生が悪化した。この状況を受けて

１９５４年に「清掃法」、１９６３年に「生活環境施設整備緊急措置法」などの法整備が進み、各地でごみ焼却施設の導入が進展した。その中でも１９５８年に東京都で竣工した「第５清掃工場」では、焼却余熱を利用して地元に温水供給サービスを提供するなど、早い段階からムダのない工夫が取り入れられていた点は特筆に値する。なお、時を同じくして日本初の石油化学コンビナートが岩国（三井石油化学）や愛媛（住友化学）で稼働を開始（１９５８年）。いよいよプラスチックが生活の中に本格的に浸透し始めた時期にも重なる。

▼環境意識の芽生えと対立

高度経済成長期（１９６０～７０年代）には大型量販店の登場や、家電製品の普及、建築需要などが活発化し、空き地や道路、河川敷への産業廃棄物の不法投棄が激増した。また工場廃水による公害等も発生し、市民に環境問題に対する意識が芽生え始めた。プラスチックの生産量は１９５０年の２万トン弱から、１９６０年に55万トン、１９７０年には５１３万トンへと20年で２５０倍に急増する一方、プラスチックは埋め立てても分解せず、焼却時には高熱を発して炉を傷めたり、煤塵や酸性ガス等を発生させて大気汚染や公害の原因になるなど、様々な問題が表面化し、住民と行政機関の間での摩擦や対立も発生するようになった。しかし、このような手詰まりの状況が、現代日本が誇るごみの分別回収システムが生み出されるきっかけともなった。全国に先駆けてごみの分別に取り組んだのは静岡県沼津市や広島市で、例えば沼津市では「５００日ごみ戦争」と呼ばれる住民と行政との紛争状態を打開するべく市の清掃職員が決起。資源ごみを分別するルールを提案し、住民に対する丁寧な説明を繰り返すことで、１９７５年より資源ごみの分別回収をスタートさせた。この先鋭的な事例は驚きと共感を呼び、80年代の全国的に取り組みが広がる先駆となった。

▼バブル期に消費活動が急激に変化

バブル時代（１９８０年代～）には、超好景気に乗って大量生産・大量消費・大量廃棄が常態化。飲料用ペットボトルも急速に普及した。プラスチックごみの急増によって最終処分場の残余容量が社会問題化した上、近隣住民を中心とする反対運動で最終処分場の建設も難航。ごみ焼却施設からのダイオキシン検出も大きく報じられた結果、プラスチック（主に塩ビ樹脂）に懐疑的な目が向けられるきっかけになったほか（※ダイオキシンの発生要因は燃焼条件にあり、空気中の塩分からでも条件によってはダイオキシンが生成する。塩ビ樹脂自体の問題ではないことが判明済み）、ごみ焼却施設の建設にも障壁が生じた。

▼現代管理制度の原型が誕生

バブル崩壊が始まった１９９１年には廃棄物処理法が改正され、ごみの排出抑制や、分別・再生（再資源化）に焦点が当てられた。１９９０年代後半から２０００年代にかけては、３Ｒ（リデュース・リユース・リサイクル）を基盤とする「循環型社会」へと移行するべく「循環型社会形成推進基本法」（循環基本法）が制定され（２０００年６月）、①発生抑制（リデュース）、②再使用（リユース）、③再生利用（リサイクル）、④熱回収、⑤適性処分―という優先順位に基づく基本的な枠組みが示されるなど、従来の「廃棄」一辺倒から「有効利用」へと視点が広がり、各種リサイクル法の整備も進んでいった。このように高度経済成長が終焉を迎え、バブルが崩壊した後の30年間で社会が大きく方向転換していった。

▼サーマルリサイクルを巡る日欧の「見解の相違」

日本の優れた廃棄物管理制度はこうして育まれ、循環型社会を志向する中で３Ｒの取り組みも進展してきたが、特にリサイクルの捉え方に関して日欧間で見解の相違が表面化している。

リサイクルには大きく分けて「マテリアルリサイクル（欧州ではメカニカルリサイクルと呼ばれる）」「ケミカルリサイクル」「サーマルリサイクル（熱回収）」の３種類がある。マテリアルリサイクルは、使い終わったマテリアル（モノ）を再びマテリアル（モノ）として利用する方法で、プラスチック製品では、例えばペットボトルを繊維にし、衣類として再商品化したり、食品トレイを再び食品トレイとして再利用したりするのが分かりやすい例だ。ケミカルリサイクルには様々な技術や用途があるが、主に使い終わったプラスチック製品を材質毎（ポリエチレンや塩ビなど）にふるい分けた後、高熱や化学的な方法を使ってモノマー（分子の単量体）などのプラスチック原料に作り直す。マテリアルリサイクルではどうしても新品よりも品質が劣ってしまうが、ケミカルリサイクルでは分子レベルまで遡るため、再び新品のプラスチック製品として市場に出すことができる。

サーマルリサイクルは、世界と足並みを揃えて「熱回収」という呼び名が主流になりつつあるが、ごみを焼却処理する際に発生する熱エネルギーを発電や温水として再利用する方法だ。マテリアルリサイクルやケミカルリサイクルでは、プラスチックの種類毎の分別や洗浄が必要だが、サーマルリサイクルは、材質別に分別できないもの（プラフィルムの複層品）や、食品残渣の付いた食品容器などにも有効利用の道を拓く有効な手段だ。

しかし、この認識に日欧間で溝がある。欧州では、あくまで再利用できるものを「リサイクル」と呼び、熱回収は「リカバリー（またはエネルギーリカバリー）」というふうに使い分けられている。サーマルリサイクルは、物質の持つ化学エネルギーを熱エネルギーに転換するものであって、物質自体は消滅することからそのように区別されている。また、焼却の際にCO_2等が排出されることもあって、これをリサイクルの有効な方法の一つとして認めないという見方もある。世界でサーマルリサイクルという呼び名が使われなくなりつつあるのもこのためだ。

そのため、86％以上という日本が誇る高いプラスチックリサイクル率のうち、欧州諸国はサーマル分を除外して見ているため59％分を差し引き、「日本のリサイクル率は27％（マテリアル＋ケミカル）」という見解になってしまう。場合によってはケミカルリサイクルさえ「不合格」と見なされ、日本のプラスチックリサイクル率は23％程度まで落ち込んでしまう。そうなると、世界のプラスチックリサイクル率ランキングでのトップポジションを奪われるにとどまらず、先進諸国で組織されるOECD諸国の中でも下位まで ランクを下げてしまう。「日本は先進国の中でもリサイクルの取り組みが遅れているのでは」という疑念にも繋がってしまうわけだ。

▼「熱回収」も有用な手段として評価を

先に触れたように、日本でも廃棄物処理の優先順位は①リデュース②リユース③リサイクル④熱回収（サーマルリサイクル）⑤適性処分―と定められ、熱回収は「最後の砦」としての位置付けだ。また、手っ取り早いからと言って本来は再利用できるものさえ熱回収に回されてしまうのは勿体ない。しかし、リサイクル率というのは本当にマテリアルリサイクルの割合だけで語られるべきだろうか。マテリアルリサイクルもサーマルリサイクルも河川や海洋へのプラごみの漏出を防ぎ、どちらも環境負荷低減に役に立つ手段であることに変わりはない。またマテリアルリサイクルは、洗浄工程で大量の工業用水が必要になるなど、必ずしも長所ばかりではないが、サーマルリサイクルは洗浄の必要がない上、原油由来で燃焼効率が高いプラスチックを燃やすことで、新たな化石資源の使用を抑えられる無駄のない仕組みになっている（※）。特に途上国は今後、かつての日本のように急速な経済発展を遂げていく中で「本当にサーマルリサイクル無しで、廃棄物の増大に対応していけるのか？」（経済産業省）という疑問もある。サーマルリサイクルの効果を適切に評価し、各国が置かれた状況の中で環境影響を考えながら方法を選択し、同時に各手法やリサイクルの質の向上にも取り組んでいくことが大切だろう。

▼自主規制か法規制か

日本ではこれまで、様々な製品の含有化学物質にしても、温室効果ガスの一つとされるフロンガスにしても、障壁となり得る課題を「自主規制」で乗り切ってきた。３Ｒに関しても、飲料・食品業界や容器業界をはじめとする各種産業界が率先して自主規制を

※資料集「■廃プラ利用の環境負荷削減量」参照

設け、その努力の甲斐あって分別回収が根付いてきた側面がある。最も分かりやすい例は、飲料用のペットボトルだ。ペットボトルに関しては、「ＰＥＴボトルリサイクル推進協議会」が容器包装の３Ｒを推進するための「自主行動計画」を5年単位で取りまとめており、２００６年に第１次自主行動計画を開始し、２０１６年には、２０２０年を目標年とする第３次自主行動計画を公表、推進している。

ペットボトルは名前の通り、ボトル本体はＰＥＴ製で、キャップはＰＥ（ポリエチレン）やＰＰ（ポリプロピレン）と決まっている。一方、ラベルはＰＥＴ、ＰＳ（ポリスチレン）、ＰＥ等、多様な素材が使われる。プラスチックは種類によって融点（プラスチックが溶ける温度）が違うため、熱で溶かしてリサイクルする場合は、機器を傷めたり製品に影響したりしないよう、融点を揃える必要がある。そのため、単一素材でリサイクルしやすいペットボトルは専用の回収箱や袋で分別回収されることが一般的であるほか、キャップも回収箱が設置されるケースが多い。ラベルは材質がボトル本体と違うため一緒にリサイクルできず、しかも様々なプラスチックが使われていて一律に処理（リサイクル）できないため、ボトル本体からラベルを手軽に剥がしてプラごみとして捨てられるよう、ミシン目が付いている場合がほとんどだ。そのため、自主行動計画ではリサイクルしやすいよう、「ボトルは着色しないこと」「ラベルはＰＶＣ（塩ビ樹脂）やアルミラミネートを使用しないこと」「キャップはアルミキャップを使用しないこと」―等が決められており、輸入品も同様の容器に変更するよう啓発活動を進めている。

そのほか、洗い流しの化粧品に入っているマイクロビーズの存在も、海洋プラスチック問題の一つとして俎上に上がっており、これに対しては「日本化粧品工業連合会（粧工連）」が２０１６年３月に会員企業（同時点１１００社）を対象とした自主規制を開始し、使用削減が進められてきた。今後も基本的に、政府側から法規制を敷くことは「特に考えていない」（環境省）と言い、産業界の自主的な取り組みが基本になりそうだ。

翻って海外では、例えばインド政府が「ワンウェイプラ製品の製造・使用禁止」を打ち出すなど、海洋プラごみ問題の「元を絶つ」方針だ。自主規制など端からアテにしていない様子が見てとれる。イギリスも海洋生物保護を目的として、ストローやマドラー、綿棒の販売を禁止する法律を２０１９年10月～２０２０年10月の間に発効させる予定だ。

ＥＵでも、海岸への漂着が多いと認められた綿棒やストロー、風船の棒など10品目の「シングルユース」プラ製品の規制を決定するなど、世界的に政府主導での極端な「脱プラ」先導が認められる。

▼日本には世界のミスリードを防ぐ役割も

これらの法規制は、問題の根本原因をプラ製品に押し付けているが、そもそも原因は（捨てられる）モノではなくて（捨てる）ヒトにあることが忘れられがちだ。日本にはこのような世界の過剰反応を抑え、ミスリードを防ぐ役割も求められてくるだろう。しかし、国内でも業界によって温度差があるのは否めない。先に紹介したＰＥＴボトルリサイクル推進協議会や粧工連など、比較的ユーザーに近い業界は、自分たちの製品が環境に及ぼしうる影響や３Ｒに対する感度が高く、自主規制に合わせて製品規格を統一したり、売上増加には直接的に繋がらないにも関わらず啓発活動や設備改善に投資をしたりしてきた。そういった業界からは、昨今化学メーカー（プラ原料メーカー）で急激に海洋プラ問題関連のアライアンスや対策の機運が高まったことに対し、「これまで川上の企業は『業界が違う』と言って何もして来なかったではないか」（プラ製品業界団体幹部）、

「今更何を言っているのか」（包装材メーカー関係者）とひんしゅくを買っている側面もある。活動自体に対しても、「いまだに都心の川沿いでのごみ拾い活動などに化学業界からほとんど参加がないことにも、彼らのスタンスが表れている」（前述の幹部）と冷ややかだ。世界的な潮流をリードするためには、業界内外での溝を埋め、今こそ一枚岩となって取り組む必要がある。

▼「海洋プラスチック憲章」非署名の理由

日本は、Ｇ７シャルルボワサミット（２０１８年６月８日〜９日）において提起された「海洋プラスチック憲章」に署名せず、国内外から批判や疑問の声が上がった。定例国会で署名しなかった理由について質問を受けた安倍総理は、『海洋プラ憲章』の目指す方向性については共有するが、プラスチックの具体的な使用削減等の実現に当たり、国民経済への影響を慎重に検討・精査する必要があったため見送った」と答弁。また、海洋プラごみ問題に関連した法律を改定し（成立済み、平成30年法律第64号）、これを踏まえて新たに「プラスチック資源循環戦略」を策定することで、次回（２０１９年６月）

のＧ20に備えると明言した。

実際のところ、前節（サーマルリサイクルを巡る日欧の「見解の相違」）でも触れたように、欧州諸国はサーマルリサイクルの有効性をそれほど評価していないこともあり、海洋プラ憲章は日本の優れた廃プラスチック管理システムをほとんど考慮せずにまとめられたもの。この憲章をそのまま受け入れると、日本がリーディングポジションを取りにくくなるほか、国内で長年培ってきた仕組みそのものが全否定されることにもなりかねない。そういった事態を避けるためにも、まずは国内でサーマルリサイクルを含めた環境貢献度をきちんと整理・評価し、欧州諸国にも有効性を説明できるよう準備を進めるとともに、経済先進国・環境課題先進国として世界でリーダーシップを発揮したいというのが本音だったのだろう。また、海洋プラごみを大量排出しているのは途上国が多いという調査結果を踏まえると、Ｇ７よりもＧ20というより広い枠組みで世界共通認識を構築したほうが良策で、早く言えば手っ取り早いし効果も大きい。結果論になってしまうが、そういう意味では海洋プラ憲章の署名を見送ったのは良い判断だったと言えるのではないだろうか。

▼国内発「プラスチック資源循環戦略」の実効性

では海洋プラ憲章に替わる国内発の指針として、各省庁や団体が連携して策定している「プラスチック資源循環戦略」とはどのようなものだろうか。海洋プラ憲章とプラ循環戦略の重要な観点を項目別に抜粋・整理してみた。

プラ循環戦略では、海洋プラ憲章ではあまり触れられていない熱回収（サーマルリサイクル）の有効活用に繰り返し触れている。日本でも熱回収は、先に触れたようにリデュース・リユース・（マテリアル）リサイクルが出来なかった場合の最終手段として位置付けられてはいるが、この仕組みがあるからこそ、埋め立てや単純焼却に回される廃プラスチックの割合が14％に抑えられている。今後、世界的な海洋プラごみ問題解決の一つのステップとして、途上国でもきちんとした廃棄物処理の仕組みを作り上げることが求められる中、分別不能な場合の現実的かつ有効な選択肢として、熱回収も検討すべきだろう。

また、海洋プラ憲章で「革新的なプラスチック素材」や「代替品」などと表現されている部分を「バイオマスプラスチック」とハッキリ明言し、かつ普及目標量（２００万トン）

■海洋プラスチック憲章 （カナダ・フランス・ドイツ・イタリア・英国・EU）	■プラスチック資源循環戦略（原案） （日本）
【サステナビリティや3R に関する観点】	
● 2030 年までに、100%のプラスチックをリユースまたはリサイクル。できないものは回収する ● 2030 年までに、可能ならばプラスチック製品におけるリサイクルの割合を少なくとも 50%増加させる	● 2030 年までにプラ製容器包装の6割をリユースまたはリサイクルし、2035 年までに全ての使用プラを熱回収も含め 100%有効利用する ● 2030 年までにプラスチックの再生利用倍増目指す ● 2030 年までにワンウェイプラスチック（容器包装等）を累積 25%排出抑制。その一環としてレジ袋の有料化義務化（無料配布禁止等）をはじめ、無償頒布を止め、「価値付け」する ● 2030 年までに、バイオマスプラスチックを最大限（約 200 万トン）導入目指す ● 2025 年までにプラ製容器包装・製品のデザインを、機能性を確保しつつ分別容易かつリユース可能またはリサイクル可能なものにする（難しい場合は熱回収可能性を確実に担保）
【回収・管理に関する観点】	
● 2030 年までにプラスチック包装の少なくとも 55%をリサイクルおよびリユースし、2040 年までに全てのプラスチックを 100%回収	●国民レベルでの分別協力体制、優れた環境技術等を最大限活かし、持続可能なリサイクルシステムを構築 ●使用後は徹底的に分別回収し、循環利用（熱回収によるエネルギー利用を含む）を図る
【研究・イノベーションに関する観点】	
●主要セクターで使用されるプラスチック消費の予測分析を行うと同時に、不必要な使用を特定し、その廃止を促進 ●プラスチックの発生源と末路、人間と海洋の健康に及ぼす影響の研究について協議 ●廃水および下水汚泥からプラスチックおよびマイクロプラスチックを除去する技術の研究、開発、使用を促進 ●革新的なプラスチック素材や代替品が環境に害を及ぼさないよう、開発と適切な使用方法に導く	●マイクロプラスチックの人や環境への影響、海洋への流出状況、流出抑制対策等に関する調査研究を推進する ●プラスチック生産・消費・排出量や有効利用量などのマテリアルフローを整備する
【キャンペーンおよび沿岸部でのアクション】	
● G７諸国の海洋プラごみに関するキャンペーンに取り組むほか、ホットスポットや優先地域において清掃活動への集中的な投資を行う	●普及啓発・広報を通じて海洋プラごみ汚染の実態の正しい理解を促しつつ、国民的機運を醸成。ポイ捨て・不法投棄の撲滅を徹底した上で海洋ごみの発生防止に向けてワンウェイ等の“プラスチックとの賢い付き合い方”を進める「プラスチック・スマート」を展開
【その他の観点】	
●洗い流すタイプの化粧品やパーソナルケア消費材におけるプラスチックマイクロビーズの使用を 2020 年までに可能な限り削減	●プラスチックには、カーボンニュートラルであるバイオマスプラを最大減に使用し、かつ熱回収する ●我が国の有する知見・経験や優れた環境技術、リサイクルシステムや廃棄物発電などの世界各地への環境インフラ輸出を展開

（注）内容は 2019 年3月時点、主要項目を抜粋して掲載

に言及したことも大きな違いだ。そのほかワンウェイ（使い捨て）プラスチック製品の削減目標や、賛否はあるものの「レジ袋の完全有償化」まで踏み込んだ指針を出している点も注目に値する。さらに海洋プラ憲章においては「産業界と協力する」等、取組内容が曖昧な部分も多いが、プラ循環戦略では、具体的なアクションがより明確に言及されており、強い決意も感じられる。

しかし「研究・イノベーションに関する観点」では、そもそも欧州も日本も、科学的な裏付けがハッキリしないまま議論が進んでいることが分かる。海洋プラ憲章では「プラスチックの発生源や末路、（中略）影響を協議する」、プラ循環戦略でも「マイクロプラスチックの人や環境への影響を（中略）調査研究する」などと言及しており、どういうプラごみが、どこから、どれ位排出され、かつ影響があるのか無いのかさえ分かっていない。海洋プラ憲章もプラ循環戦略も、前提となる事実なくしては、せっかく努力したにも関わらず「果たして効果があったのか無かったのか評価できない」という残念な結論にもなりかねない。まずは現状認識を急ぐ必要がありそうだ。

インタビュー

◇環境省～世界各国でベストプラクティスを共有しながら、一緒に取り組んでいく

海洋プラスチックごみ問題は途上国・先進国を問わず「世界全体で解決しなければならない問題」だと強調する環境省は、全世界で同じ目標に進んでいけるよう、日本がリーダーシップをとっていきたい、と意欲的だ。「プラスチック資源循環戦略」の立案を担った環境再生・資源循環局リサイクル推進室の金子浩明室長補佐に、海洋プラスチック問題、資源循環戦略、法規制の動向などについて話を聞いた。

インタビューのキーポイント

- 世界全体で共通の課題へ向かって進んでいけるよう、日本がリーダーシップを
- 海洋プラごみ汚染を防ぐために必要なのは、経済活動の制約ではなく幅広いイノベーション
- 分別・回収の仕組みが整っていることが日本の最大の特長であり、海外にも伝えていくことが重要

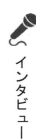

▽海洋プラスチック問題への認識は？

日本や先進国だけでなく、世界全体で取り組まねばならない問題だ。マイクロプラスチックのみならず、マイクロ化する以前の海洋プラごみが生態系に悪影響を与えていることは明らかで、各国で海洋に排出されないように努力していかねばならない。途上国・先進国を問わず、どの国も取り組みを進めるべく、世界各国でベストプラクティスを共有しながら、共に進めていくことになるだろう。

一方、国内では３Ｒと海洋プラごみ対策を一層進めていくため、「プラスチック資源循環戦略」を策定していこうとしている。日本と同じ取り組みを各国にそのまま求めるのは難しいかもしれないが、世界で共通の課題に向かって進んで行けるよう、Ｇ20では開催国として、日本がリーダーシップをとっていきたい。

▽Ｇ７で提起された「海洋プラスチック憲章」に署名せず批判もあるが？

海洋プラスチックごみ問題は、アジアの排出量が特に多いと言われている中、全体的な枠組みで取り組んでいくことが不可欠。そのため、Ｇ７よりもむしろＧ20がしっかり役割を果たしていくことが、より意味を持つと考えている。

▽海洋プラ憲章との比較における日本のプラ循環戦略の独自性は？

海洋プラ憲章の中では触れられていなかったワンウェイプラの排出抑制やバイオプラの導入について目指すべき方向性をマイルストーンとして盛り込んでいる。さらに、リユース・リサイクルや再生素材の利用についても憲章を上回っている。２０３０年までにバイオプラを２００万トン普及させるというマイルストーンについては、現在の使用量が４万トン程度と言われているので、約50倍の目標となるが、35億円の新規予算を投入して社会実装化を支援していく。

環境省・環境再生・資源循環局
リサイクル推進室の金子 浩明 室長補佐

▽プラ循環戦略の原案作成に当たり議論が分かれた部分は？

リサイクルと熱回収に関して、優先順位が分かりにくいという意見があった。また２０３５年までにプラスチック廃棄物を、熱回収を含め１００％有効利用する、というマイルストーンについても、熱回収を重視しすぎているという指摘があった。さらに、焼却の禁止やプラ廃棄物の輸出禁止、プラ廃棄物の輸出分１５０万トンをリデュースすべきではないか、といった意見もあった。

▽海洋プラごみの調査で分かった実態は

海洋ごみは、プラスチック類が多い。海洋プラごみの何割が海外由来なのかについては、荒川河口堰を見ると、ペットボトルなどが日本の内陸から大量に流出していることが分かる。

海外と比べ日本はポイ捨てが少ないが、それでもなお不法投棄されたプラごみがある。これを踏まえ、海洋プラごみによる新たな汚染を生み出さない世界の実現を目指し何をすべきか。ここで求められるのは経済活動の制約ではなく幅広いイノベーションだ。

まず、従来からの3Rの取り組みは海洋プラごみ対策にもなる。リデュースで言えば、不用意に貰ってしまうからこそ不用意に捨てられてしまう傾向もあり、レジ袋はその象徴。こういうものを極力減らしていくことも重要だろう。

また、ポイ捨て・不法投棄や非意図的な環境への漏出を撲滅し、限りなくゼロに近付けるとともに、環境中に出てしまったプラごみをしっかり回収することも重要だ。海洋プラごみによる新たな汚染を生み出さない世界の実現を目指して、政府では2019年2月26日に「海洋プラごみ対策の推進に関する関係府省会議」を立ち上げた。ここでG20までに日本としての具体的な取り組みをまとめたアクションプランを策定する予定だ。

▽日本の廃棄物対策の現状について

我が国は、廃棄物の３Ｒ・適正処理という面では世界トップレベル。一般廃棄物や産業廃棄物も適性処理のシステム・体制が確保されている上、循環基本法や各種リサイクル法の下で資源の有効利用が図られてきた。今後はそこからレベルアップし、さらなる資源循環を追求していく必要がある。

▽レベルアップに向けた課題は？

まずマテリアルフロー自体をしっかり整備し、各セクターにおける生産・消費・排出・処理の実態をよく把握する必要がある。プラスチックはあらゆるところに使われるため、モノの流れを把握するのは難しいが、今後精緻化を図っていく必要がある。

▽使い捨てプラの法規制について

欧州ではシングルユースプラスチックのうちストローやカトラリー、綿棒などの特定の品物を禁止する規制案が議論されている。綿棒やコンタクトレンズなどを水洗トイレに流す習慣があることを前提にすれば規制が必要という議論になるのかもしれないが、我が国の習慣や廃棄物管理システムは欧州とは異なっている。

プラ資源循環戦略案では、レジ袋の有料化義務化等による価値付けをするとともに不必要なワンウェイプラスチックの使用を減らし、バイオプラスチックや紙、再生プラなどの再生可能資源に極力替えていくことを通じ、ワンウェイプラスチックを全体で２０３０年までに累積で25％排出抑制することとしている。

▽日本は自主規制を重視しているのか

日本では、業界が容器包装プラスチックのリデュースやリサイクルの目標を立てて取り組んできた。また、洗い流しの化粧品に入っているマイクロビーズは日本化粧品工業連合会の自主規制により使用削減が進められてきたが、輸入も含め国内で販売されている全ての製品でマイクロビーズが使われていないかというと、そうはなっていないと聞く。併せて、洗い流しの化粧品以外のマイクロプラスチックについても使用実態や流出状況を把握し、必要に応じて対策を検討していく。

▽世論が脱プラスチックに向かっていく流れをどう思うか

「脱プラ」という言い方で煽るのがいいのか、という問題はあるが、極力使わないに越したことはない。レジャーやイベントだけでなく家の中でも来客のときには使い捨て食器を使うなど、使い捨て文化が行き過ぎることがあるので、不必要に使われ過ぎているプラスチックについてはできる限り削減を進めた方がいい。

▽中国の廃プラ輸入禁止の影響は？

自治体と産廃業者にアンケートを取ったところ、回答のあった自治体の４分の１から「保管量が増加した、または保管上限の超過等、保管基準違反が発生した」という回答があり、産廃業者の方でも３分の１から「受入制限を実施中、または実施を検討中」という回答があった。これは２０１８年８月時点の状況を10月にまとめた数字であり、その後も予断は許されない状況と言える。

▽正常化への対策は？

既存施設を活用したり、処理先を増やす等の声かけも実施しているが、国内のリサイクルフローを変えるため、リサイクル設備の補助を行っており、2018年度に15億円（プラスチックだけでは22件・7億円）だったが、2019年度には6倍の93億3000万円に増やす。最大約190億円の設備投資に充てられる予算だ。これまで輸出していたものを国内でリサイクルしようという動きが出ているので、そのような企業とリサイクル事業者が組んで国内のリサイクル設備をどんどん立ち上げ、リサイクルされたものが積極的に利用されていく流れを作りたい。これまで簡単な選別の後、中国へ輸出していた中間処理業者も含めて選別機械などを導入し、国内で資源が循環する体制に変えていきたい。補助金導入の条件として、処理後の一次加工の出荷先が国内であることを前提で補助する方針だ。

ペットボトルに関しては、例えば日本コカ・コーラが2030年までにボトルの半分を再生ペットにするという目標を掲げているが、このような動きが飲料業界全体に広がりつつあり、良質な再生ペットは作れば売れる状態になる。そうなると使用済ペットボトルの調達が問題になるが、国内でリサイクルを行う再生メーカーの背中を押して、設備投資の後押しをしていきたい。

▽化学メーカーの責務は？

プラ資源循環戦略を作るプロセスと並行して、化学業界団体も自らのプラ資源循環戦略の検討を進めたり、化学メーカーがＡＥＰＷのような国際的企業アライアンスに率先して参加したり、問題意識を持ち先頭に立って取り組んでいる。プラスチック原料メーカーとして、例えば、プラごみをもう一度プラスチック原料に戻すリサイクルや再生材の利用、バイオマスプラなどの代替素材の開発などに取り組んでいただきたい。また、現状のリサイクル業者と大手メーカーが連携して、再生材の質的・量的な確保や大手ユーザーとのマッチングなど、プラごみを再生して使っていく面においても貢献してもらえれば、リサイクルが一層進んでいく。

▽報道のあるべき姿は？

プラスチックの海洋汚染や資源循環の問題を分かりやすく報道して、理解を広げて欲しい。例えば、回収〜リサイクルなどの先進的な取り組みが出てきた際には積極的に取材することで、そうした取組主体のモチベーションアップと、同業者への横展開に繋がる。消費者の方々にも自分たちの捨てたゴミの行く先がどうなっているのか分かり易く伝えてもらい、分別への協力や、無駄な使用を抑制するための意識向上に繋げて欲しい。

環境省の「プラスチック・スマート」キャンペーンでも企業などの取組事例が色々集まっている。ぜひ機運醸成のためにそういうものを沢山紹介してもらいたい。

▽世界の循環社会形成に向けて日本がいかに貢献できるか？

日本は従来より、途上国で分別指導やごみ処理施設のソフト・ハードのインフラ整備支援に取り組んできた。分別～回収に至る処理能力構築や、人材育成、法的制度導入等のノウハウ供与なども行ってきた。

国内では分別・回収の仕組みを構築・運用し、産業界もプラスチックの薄肉化や、様々な技術開発を通じて廃棄物そのものを減らす努力をしてきた。このような取り組みをこれまで以上に内外にアピールするとともに、現状をさらにレベルアップさせていく必要があるのだろう。

海洋プラごみを世界的に減らしていくためには、ごみを適性に回収・適性処理することが重要だが、さらに資源として循環させていくためには、３Ｒ（リデュース、リユース、リサイクル）を徹底し、きれいな状態で分別することが必要。分別文化は日本が持つ最大の特長でもある。これからも分別の大切さと、仕組みを定着させてきたノウハウを海外に伝えていくことが重要だ。

インタビュー

◇経済産業省〜海洋プラごみ問題は廃棄物管理を徹底した上で「イノベーションによる解決を」

海洋プラスチックごみ問題解決に向け「（プラスチックに関わる）経済活動を制約するのではなく、適切な廃棄物管理とイノベーションによる解決が重要」だと語る経済産業省。２０１９年１月18日には「クリーン・オーシャン・マテリアル・アライアンス」の立ち上げを支援し、新素材や代替素材に関する開発や普及促進のためのビジネスマッチングや、プラスチック製品の持続可能な使用に向けた官民連携の取り組みに着手した。今後も環境省や農水省とも連携して取り組んでいきたい考えだ。経済産業省・産業技術環境局の福地真美資源循環経済課長に聞いた。

インタビューのキーポイント

●海洋プラスチックごみ問題に関しては、科学的知見をしっかり積み上げる必要がある

●処理の仕方は、各国が置かれた状況の中で環境影響を考えながら選択することが重要
●経産省は、新素材や代替素材、３Ｒなどのイノベーションを支援することが役割

▽海洋プラスチックごみ問題をどう捉えるか？

本来、「ゴミを海に出さない」ことが守られていれば問題にはならないはずだが、海洋プラスチックごみ問題は実際に起こっている。生態系への悪影響が懸念されるため、当然対策をしていく必要がある。廃棄物が適切に管理され、かつリサイクルされている状態が最も理想的だが、廃棄物管理に関しては環境省が率先して力を入れており、われわれも後押ししていきたい。

一方で、現時点では米国・ジョージア大学のジェナ・ジャンベック博士らの論文による推測値があるが、そもそもどの国からどの程度の海洋プラスチックが排出されているのか、環境にはどういった影響がどの程度あるのかなど、国際的に統一された統計や見解があるわけではない。こういったところをよりクリアにし、科学的知見をしっかり積み上げる必要があるのではないかと思っている。ただ、その間に環境に大きな影響が出

てしまってはまずいので、出来ることから同時並行で取り組んでいくことが大切だろう。

▽現状で分かっていることは？

ジャンベック博士の推測値を元にすると、世界の海洋プラスチックごみのうち中国由来が3割で、インドネシアが加わると4割。G20まで含めると半分くらいに膨らむ。やはり本当に解決しようと思ったら途上国を巻き込みグローバルに取り組んでいくことが求められる。われわれが持つ知見をグローバルに広めながら対応していくことが必要だ。

経済産業省・産業技術環境局の
福地 真美 資源循環経済課長

一方、環境省が行った漂着ごみの調査（2016年）によると、調査地点は限られているが、プラスチックごみのうち飲料用ボトルは重量・容積ベースともに1割程度とそれなりの量を占めていた。一方で、漁具関係のごみも多いことが分かっている。原因を明らかにした上で、それに合った対策を取っていく必要があると思っており、農水省も含め政府全体で検討していくことになっている。

▽国内の状況をどう捉えるか？

日本は廃棄物を埋める土地が潤沢に無い中で、適切かつ衛生的に「燃やす」処理を従来からやってきた。そして焼却処理を、より効率的かつ有効に活用するために熱回収（サーマルリサイクル）も進めている。

リデュースの観点でも、従来から努力してきており、例えば素材自体を薄くしたり、ペットボトルに関しても、他国製のものは着色されているケースも多いが、日本製のものは自主的ガイドラインにより透明、かつラベルも剥がしやすくするなど、リサイクルしやすい仕組みになっている。

一方で、中国が固体廃棄物の輸入規制を行うなどの変化もある。現状は限られた地域の中で処理が行われることが多いこともあり、ゴミが多く出る都市部などを中心に様々な問題が起こる可能性はある。

ＮＧＯの方々から、河川、海などに捨てられているゴミは「毎日拾っても減らない」ほど多いということも聞く。この現実から目を反らさずに対策を考えていかねばならない。

▽海外では日本型のサーマルリサイクルに良い印象を持たない国もある

欧州も国によってかなり異なっており、燃やすところは燃やしているし、全く燃やさず埋め立てているところもある。処理の仕方において何が本当に良いかは、その国が置かれた状況によって違うのだと思う。熱回収が多いから良いとかダメだとか言う話ではなく、各国が置かれた状況の中で環境影響を考えながら選択していくことが必要。しかし、これからアジアで人口集中しながら発展をする国々が廃棄物を出していく中で、本当にサーマルリサイクル無しで対応していけるのかは疑問だ。それぞれのリサイクルの適性を踏まえた上で、各リサイクルの質の向上にも取り組みつつ、対応していくことが必要だと考える。

▽経済界にとっての課題は？

「原因に応じた対策を取るべき」という意見も聞くが、その通りだと思う。先日のダボス会議（2019年1月）で安倍総理が『海に流れ込むプラスチックを増やしてはいけない、減らすんだという決意において、世界中挙げての努力が必要であるという点に、共通の認識を作りたい。経済活動を制約する必要などなく、ここでも求められているのはイノベーションなのだ』と言及していた。やはり「プラスチックを全部止めましょう」ではなく、廃棄物管理を徹底した上で、新素材や代替素材などのイノベーションによって解決すべきことなのだと思う。またサーマルリサイクルについても評価しつつ、再生材の活用についても積極的に取り組んでいくべきと考える。それぞれの手法の質を高めながら、経済を発展させるための方策を考えるべきだと思う。

▽具体的な取り組みは？

経産省としてはイノベーションを支援していくことが最大の役割。例えば新素材や代替素材、プラスチックの３Ｒに磨きをかけていくことが必要だ。1月18日には「クリーン・オーシャン・マテリアル・アライアンス」という組織が立ち上がり、経済産業省も支援している。設立時点で１５９社の企業や団体が参画している。このアライアンスのポイントとなるのはビジネスベースでのイノベーションの加速化。「良い素材があれば使うのに」という者と、「使ってくれるなら開発するのに」という二者がいて、「ニワトリと卵」

のような側面もある。業種を超えた連携を強化し、関係機関とも協力しながら、スピード感が求められる海洋プラスチックごみ問題に対して、技術開発や普及促進、国際連携に集中して取り組む場を設けることで、６月に開催されるＧ20に向けて議論を深めていきつつ、イノベーションの加速化を図りたいと考えている。生分解性プラスチックなどの新素材や、紙などの代替素材などの可能性、３Ｒの高度化などを今後いかに推進するかというビジョンもテーマになる。

▽世間では「脱プラスチック」の流れも起こっているが？

最初は自分の生活に密着したレジ袋やストローといったものに、どうしても目が向きがち。そして、そういう分かり易い例があるが故に問題の全体像が見えにくくなってしまう面もあるのかもしれない。本来は全体像をとらえ、冷静に原因と対策を考えていくことが、長期的には環境課題の解決に効果があると考える。プラスチックそのものが悪いという考え方は本質的でないと思う。食品パッケージにしてもプラスチック素材の機能により賞味期限が延びて食品廃棄が減らせるという側面もある。プラスチックが我々の生活に色々な利便性を与えているという面はきちんと理解し、適切に利用し、廃棄物を管理することが大切だ。

▽プラスチック削減に対する考えは？

不必要にも関わらず使われていたり、不適切に処理されていたりするものは勿論変えていくべきだし、減らせる部分があれば減らす努力をすることは価値があると思う。しかし状況によっても（要か不要かは）変わってくるため、単に（規制や削減を）押しつけるのでは意味がない。例えばワンウェイのプラスチックバッグは分かり易い例の一つだが、量から考えると、これを削減したからと言ってすぐに問題の解決に繋がるわけではない。

ただし代替素材の可能性があるのであれば（海洋プラスチックごみ問題解決の）方策の一つとして考えていくことも有効ではないか。例えば容器包装パッケージも、真に必要な機能とそれを実現する新素材を活用する方策を検討するなど、様々なやり方があって良いと思う。

▽問題解決に向けて取り組むべきは？

海外では廃棄物管理が不十分なところもまだ多く、中には政府が極端な使用制限をしたり製造制限をしている地域もある。これは「もはや廃棄物管理制度をゼロから構築するのは難しいから元を絶ってしまおう」ということなのかもしれない。しかし、本来は元を絶たなくてもしっかり管理できるのだということを中長期的に途上国にも伝えていくことも日本の役割だと思う。

経産省としては、ＮＥＤＯ（国立研究開発法人新エネルギー・産業技術総合開発機構）等関係機関と連携して、バイオプロセス技術の課題整理や普及導入目標設定、支援施設等の技術ロードマップを策定作業中だ。海水中での生分解メカニズムの解析に関する先導研究なども検討している。農水省や環境省とも連携していきたいと考えている。

インタビュー

◇農林水産省〜食品産業や農林水産業でも海洋プラスチックごみ問題への積極的な対応が必要

我が国では１９９０年代から容器包装リサイクル法により、プラスチックを含む家庭から出る容器包装のリサイクルを行い、さらに食品産業界では３Ｒの自主的取組が大きな成果を挙げてきた。このような中で、海洋プラごみ問題にどう向き合っていくべきか、食品容器包装のリサイクルや食品産業・農林水産業のプラスチック対策に取り組んでいる農林水産省食料産業局バイオマス循環資源課の野島昌浩食品産業環境対策室長に話を聞いた。

インタビューのキーポイント

- 食品産業・農林水産業においても、多くのプラスチック製品を利活用
- プラスチックの容器包装は食品ロスの削減などにも有効

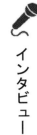

●食品産業・農林水産業の企業・業界団体における、プラスチック資源循環に向けた自主的取組を促進していく

▽**海洋プラごみ問題についての認識を**

２０１７年の我が国におけるプラスチックのマテリアルフローを見ると、樹脂製品消費量約１千万トンのうち、包装容器とコンテナ類が40％。色々な容器包装があるが、食品に使われている容器包装も相当量含まれていると思われる。農林・水産に関するもの、例えば農業ではハウス用のビニールシートや地面に敷くマルチシート、水産系では漁網や浮きなどが全体の1.4％。その他６割弱が、家庭用品、電気・電子機器、建材、輸送資材等となっている。

一方、排出されるプラスチックは約９００万トンで、このうち、86％がエネルギー回収を含め何らかのリサイクルがなされていて、未利用とされる残り14％が廃棄物処理法に

農林水産省・食料産業局バイオマス循環資源課の野島 昌浩 食品産業環境対策室長

基づき単純焼却や埋め立て処理されている。そしてこのフローに出てこない部分で、どこからか流出したものが海洋プラスチックごみになっていると考えられる。

食品産業で使われている主なプラスチック製品としては、様々な食品の容器包装のほか、ペットボトル、レジ袋、カトラリー（ナイフ・フォークなど）、ストロー、カップとふたなど。このうち持ち歩き頻度の高いものは、ポイ捨てされる可能性も高く、海洋プラごみにつながっているのではないかと考えられる。

海洋プラスチックごみの発生量に関しては、推計では中国と東南アジアが流出量の上位を占めており、日本は30位、年間２万～６万トンと推計されている。また、環境省による海岸ごみの実態把握調査の結果から、我が国の各地の海岸に漂着したペットボトルの製造国をみると、日本製のペットボトルのみならず、地域によっては中国製や韓国製のほうが多かった。

▽排出量が上位の国は川に大量にごみを捨てていると聞くが

海外の状況については詳しく承知していない。私も最近日本国内の川や海を意識して見るようにしているが、結構プラごみが浮いているのを見かける。意外なものでは、どのように流れてきたのか分からないが、人工芝の破片が多かったという河川調査の結果もあったと聞いている。国内対応をしっかり行った上で、世界各国に働きかけていくことが重要なのではないか。

▽プラごみの河川から海への流出原因については

プラスチック製品の製造、販売から消費、そして廃棄物の回収、リサイクルを含む処理・処分までの仕組みの中で、具体的にどこからどれくらいのものがどのようにして海洋プラごみとなっているのかについては、まだよく分かっていない。食品の容器包装でいえば、消費者の不法投棄、いわゆるポイ捨ても、大きな原因となっているのではないか。

▽使い捨てプラスチックは減らしていく？

３Ｒによる資源循環を進めていくことが基本的な方向だ。食品の容器包装にプラスチックが使われているのは、食品の鮮度保持、賞味期限の延長、軽くて持ち運びに便利、輸送時における内容物の破損の低減など様々な効果・機能を発揮するから。食品ロスの削減や輸出の促進にも大きく寄与しており、農林水産省で作成している「容器包装の高機能化事例集」の中でも、多数のプラスチック製食品用容器包装を紹介している。このような中で、直ちにプラスチックを廃止するなどということは、現実的ではない。一方で、自然に分解されないプラスチックが環境中に流出した場合、環境への悪影響を引き起こすのも事実なので、プラスチックの容器包装としての有用性も確保しながら、これらが資源として循環されるよう、ごみとして流出されないよう対応していくことが重要だろう。

▽容器包装リサイクル法の仕組みは

食品用を含め家庭からの容器包装廃棄物については、容器包装リサイクル法に基づいてリサイクルする仕組みができている。これは、消費者が容器包装廃棄物を分別排出し、市町村が分別収集したものを、容器包装を製造・利用・輸入する事業者が自ら、またはリサイクル事業者に委託して再商品化（リサイクル）する役割分担になっている。プラスチック製容器包装だけではなく、ガラスびん、紙製容器包装などが、本制度の対象としてリサイクルされている。

▽容器包装リサイクル法以来、食品産業の取り組みは歴史がある

プラスチックを利活用している食品業界が、プラごみを故意に環境中に放出しているわけではない。食品業界では、容器包装リサイクル法の制度に沿って、更には自主的取り組みとして、食品容器包装のリサイクルやリデュースに長年取り組んできた。そういう取り組みへの国民の理解が進んでいくと良い。このような取り組みは、食品を食べる消費者の理解があってこそ進められるもの。きっちりした分別排出やポイ捨てしないことも含めて、消費者の理解は不可欠だ。

▽業界の自主的な取り組みについて

食品業界では、容器包装リサイクル法に基づく取り組み以外にも、ペットボトル、プラスチック製容器包装等8つのリサイクル推進団体からなる3R推進団体連絡会が、3Rの目標や、消費者、NPO、行政との連携を進めるための取り組みを掲げた「容器包装3R推進のための自主的行動計画」を実行している。例えばペットボトルについては、2020年度目標として、薄肉化などにより2004年度比で1本当たりの平均重量を

20％軽量化するリデュース目標を設定していたところ、２０１７年度にはすでに23％に達しており、２０２０年度目標も25％の軽量化に上方修正している。またペットボトルのリサイクルについても、２０２０年度までにリサイクル率85％以上を目指している中で、２０１７年度には84・８％に達するなど、行政指導や法規制によらない自主的取り組みが実を結んでいる。

▽ペットボトルの仕様も随分変えてきた

また、１９９２年からペットボトルの自主設計ガイドラインを作り、ペットボトルのリサイクルを促進するため、キャップ、ボトル本体、ラベルの設計について統一してきた。１９９８年にアルミキャップとボトルのベースカップ（底部につけるカップ）を禁止し、２００１年に着色ボトルを禁止、ラベルも手で簡単にはがせるようにするなど取り組んできた。このようなリサイクル設計の取り組みを業界が自主的に行ってきたことなどにより、我が国のペットボトルのリサイクル率85％は、40％の欧州や20％の米国と比べて極めて高い水準となっている。

さらに食品企業の中には、地域貢献や環境保護の観点から、生産工場や店舗周辺での清掃活動や、地域の環境美化活動に参加している事業者も多い。特に飲料業界では、１９７３年に食品容器環境美化協議会を設立し、散乱ごみ問題に共同で取り組んでいる。

▽食品包装容器のリサイクル制度がある中で、これ以上の対策は必要なのか？

プラスチック問題への対応は始まったばかりで、現在環境省を中心に、プラスチック資源循環戦略が検討されている。農林水産・食品産業においても、食品の容器包装、漁具、施設園芸用被覆材等消費者にも極めて身近な多くのプラスチック製品を利活用していることから、この問題に積極的に対応していくことが必要である。我々も、食品産業・農林水産業を所管する立場から、環境省、経済産業省をはじめ関係省庁と連携して、３Ｒ、技術開発、消費者啓発などを進めていかなければならない。また国際協力として、我が国の先進的なリサイクル技術や回収システムなどを周辺国へ波及させていくことなども重要ではないか。

▽農水省の取組内容について

農林水産省では２０１８年10月から、食品産業・農林水産業の各企業・業界団体におけるプラスチック資源循環に向けた自主的活動を奨励する取り組みを行っている。具体的には、「地球にやさしいプラスチックの資源循環推進会議」という有識者懇談会を開催して多方面の方からの意見を聞きながら、食品産業・農林水産業の各企業や業界団体における自主的活動を「プラスチック資源循環アクション宣言」と題して募集している。

現在（２０１９年３月初め）60件を超える応募があり、例えば、マスコミにもしばしば取り上げられる外食産業におけるストローの廃止のほか、小売業におけるレジ袋の有料化やペットボトルの自主回収、食品製造業における食品容器包装の削減といった３Ｒをはじめ、プラスチック代替素材の開発・活用、地域住民と一体となった環境美化活動の実施など、各企業・業界団体が今後行う予定の多様な取り組みが宣言として寄せられている。農水省ではこのような動きをホームページ等により広く発信しており、更にこの輪を広げていくとともに、国民に対してもプラスチック資源循環への理解を深めることができたら良いと考えている。まだ応募されてない企業や業界団体においては、ぜひご検討いただきたい。

▽素材、容器製造、食品など各業界がコミュニケーションをとる必要があるのでは

業界だけではなく、プラスチック製品を利用する消費者や自治体を含めて、一緒にこの問題を考えていかなければならない。環境省が推進している「プラスチック・スマート」キャンペーンは、作る人、使う人がみんな集まって取り組みを共有、発信していこうという活動なので、そういう場も活用していくといいだろう。プラスチック資源循環アクション宣言に応募した企業等は、一括して「プラスチック・スマート」キャンペーンに参加している。

また技術開発については、経済産業省を中心に農林水産省も加わって、容器包装等の素材製造事業者、加工事業者、利用事業者が連携して、生分解性に優れたプラスチックや紙等といった代替素材の開発と普及促進の取り組みとして、クリーン・オーシャン・マテリアル・アライアンスを進めている。

▽素材メーカーに対する要望は

食品産業は、普通自らが直接容器包装を製造しない。クリーン・オーシャン・マテリアル・アライアンスの取り組みを通じて、素材製造事業者、容器包装製造事業者、食品事業者

との間のマッチングを進め、素材製造事業者が開発した代替新素材について、容器包装製造業者が食品の特性に応じた容器包装を開発し、それを食品事業者が商品に活用するという流れができていければ良い。既存のプラスチックに替わる機能性のある素材、万が一環境に流出しても影響の少ない素材など、海洋プラスチックごみ問題の解決と同時に、これまで通り食品ロスの削減にも寄与する新しい容器包装の開発を中長期的に進めていきたい。

▽今後について

現在策定中のプラスチック資源循環戦略に沿った取り組みを迅速に具体化していくことが必要だ。環境省、経済産業省をはじめ、関係省庁との連携を密にしていく。その中で、特に農林水産省としては、食品産業・農林水産業の振興にもなるよう、これまで進めてきた企業・業界団体等の自主的取組について、その後押しを更に進めていきたい。

いずれにしても、海洋プラごみ問題だけではないが、食品産業・農林水産業の発展と同時に、後世の人達により良い環境を残していくことが、現世に生きる我々の役目であると思う。

Q&A

Q 容器包装類とは？

A 食品を包む袋や飲料を入れるペットボトルなど、商品を入れたり包むものの総称で、洗剤の容器なども含みます。プラスチック製のものとしては、トレー、フィルム、袋、ボトルなどがあり、非常に幅広い種類の製品が日常的に使われています。

Q マテリアル・フロー図に海洋プラごみは含まれていますか？

A 含まれていません。日本から海洋に流出するプラスチックごみは推計で年間2万～6万トンと言われていますが、これには不法投棄やポイ捨ても含まれています。また、日本の場合は災害（台風や大雨など）での流出が量的に最大とみられており、これらを完全に防ぐことは難しいのが現状です。

第4章

欧州と中国の動向

第4章・欧州と中国の動向

数年前からEUでは使い捨てプラスチックを禁止すべきだ、という議論が沸き起こっており、リサイクル系NGO「エレン・マッカーサー財団」が主導する一種の「経済革命運動」が進められている。プラスチック製品のサプライチェーン全体を使い捨てからリサイクルに転換し、ビジネスモデルの革命を行おうというものだ。

▼リサイクル推進を主張するエレン・マッカーサー財団

英国エレン・マッカーサー財団は、女性ヨット選手だったエレン・マッカーサーがレース中に見た海洋プラごみ汚染に心を痛め、それを廃絶するべく2010年に設立した。同企業、政府、学会とともに、完全循環型の経済を実現するための活動を行っている。同財団は「サーキュラー・エコノミー(循環型経済)100」と「ニュー・プラスチック・エコノミー(新しいプラスチック経済)」という2つのプログラムを推進しているほか、ダボス会議(世界経済フォーラム)を通じてAEPW(第8章参照)に、さらには国連の環境政策へも影響力を与えているとみられている。

２０１６年５月に国連環境計画とともに開始したニュー・プラスチック・エコノミーは、主要なステークホルダーを集め、包装材をはじめとするプラスチックの将来を再考、再設計するための取り組みで、化学企業からはダウやデュポン、タイのインドラマ・ベンチャーズ等が開始当初から参加したほか、２０１７年には世界最大の化学メーカーであるＢＡＳＦもメンバーに加わった。２０１９年３月には日本からも三菱ケミカルが参加した。

同プログラムの調査報告書では、リサイクル・再利用が進んでいない容器包装用プラスチックの材料代替やデザインの見直し、イノベーションが必要と指摘。代替を推進すべき包装材料として、ＰＶＣ（塩ビ樹脂）、ＰＳ（ポリスチレン）、ＥＰＳ（発泡ポリスチレン）が挙がっている。ＰＶＣは錠剤やカプセル剤の包装シートやラップフィルム、ＰＳは弁当容器やＣＤケース、ＥＰＳは食品用トレイやカップ麺容器などにそれぞれ使用されている素材だ。

同プログラムは参加企業が２０２５年までの使い捨てプラスチックの削減目標を国際公約として誓約するシステムをとっており、２０１９年３月時点で３５０を超える組織（企業・自治体・NGOなど）が署名を終えている。うち177社がプラスチック業界に関わる企業で、プラスチック容器包装の利用サイドでは、ダノン、H&M、ケロッグ、ネスレ、ペプシコ、コカ・コーラ、ユニリーバなど消費財の国際企業46社と、ウォルマート、ケスコな

■ニュープラスチックエコノミー国際公約への署名企業（2019年３月）

カテゴリー	署名数	主な企業	カテゴリ記号
消費財（年商100億ドル以上）	19	ダノン、H&M、ケロッグ、ネスレ、ペプシコ、コカ・コーラ、ユニリーバ	A.1.a
消費財（年商100億ドル未満）	27	バリラ、ロクシタン、インターネットフュージョン	A.1.b
小売・サービス（年商10億ドル以上）	13	ウォルマート、ケスコ（コストコ、アマゾン、イオンなどが未署名）	A.2.a
小売・サービス（年商10億ドル未満）	5	アルガモ	A.2.b
包装容器（年商10億ドル以上）	15	ALBEA、Amcor、Coca-Cola FEMSA、Tetra Pak	A.3.a
包装容器（年商10億ドル未満）	24	Bell Holding、BioPak、フタムラ化学	A.3.b
材料（堆肥化不能）	2	ボレアリス、インドラマベンチャーズ	A.4.a
材料（堆肥化可能）	10	ノバモント、Aquapak Polymers	A.4.b
収集・分別・リサイクル	33	スエズ、APK、ヴェオリア	A.5
耐久財	13	HP、フィリップス（アップルが未署名）	A.6
プラスチック包装業界へのサプライヤー	10	Brightplus、Digimarc、TerraCycle	A.7
投資家	6	Ultra Capital、Closed Loop Partners	A.8
企業合計	177		
政府・自治体	16	英国政府、スコットランド政府、チリ政府、カタルーニャ政府、グラナダ政府、ルワンダ政府、ニュージーランド環境省、ポルトガル環境省、サンパウロ市、オースチン市	B

出所：New Plastic Economy Global Commitment 2019春レポート

ど小売・流通企業18社、ＨＰ、フィリップスなど耐久財メーカー13社が名を連ねている。そしてリサイクル関連企業33社、包装容器製造企業39社、包装容器へのサプライヤー10社、生分解性（堆肥化可能）プラスチックメーカー10社、ボレアリスとインドラマ・ベンチャーズのプラスチックメーカー２社、となっている。プラスチックメーカー２社は近年リサイクル関連事業に力を入れている。署名をしていない大企業には、アップルの名がある。

▼使い捨てプラスチック規制に走る欧州

ＥＵは２０１８年10月、ストロー、ゴム風船、レジ袋、カップやナイフ、フォークなどのプラスチック食器、プラスチック軸の綿棒など、一般的に利用されている使い捨てプラスチック製品10品目のうち一部の流通を２０２１年から禁止する先鋭的な法案を可決して、世界に衝撃を与えた。このような拙速とも言える規制に走った理由は、実はエレン・マッカーサー財団の活動による影響だけではない。２０１８年から中国で廃プラスチック輸入が禁止され、それまで中国に輸入されていた７３５万トン（２０１６年）もの廃プラが、突然行き場を失ったことも大きく影響している。

▼中国の廃プラスチック輸入禁止

中国政府は、２０１７年７月に廃プラの輸入禁止等を含む「固体廃棄物輸入管理制度改革実施案」を公表した。中国はこれまで世界各国から廃プラや金属くずなどの廃棄物を受け入れ、再生材を生産してきた。しかし、中国において法規制が整備されるに従って、洗浄が不十分な品など不適切な廃棄物の輸入が問題となってきた。２００４年５月には日本から中国向けに輸出された廃プラの中に、再生利用に適さない物が混入し、中国国内法規制に違反するとして、中国政府が日本から中国向けに輸出される廃プラの船積み前検査を暫定的に停止する事案も発生するなど、日本からの輸入も例外ではない。

中国の固体廃棄物輸入管理制度改革実施案は、一部の地域で環境保護を軽視し、人の身体健康と生活環境に対して重大な危害をもたらしている実態を踏まえ、固体廃棄物の輸入管理制度を十全なものとすることと、固体廃棄物の回収、利用、管理を強化することを基本的な思想とするものだ。同案には、２０１７年末までに環境への危害が大きい固体廃棄物を輸入禁止すること、２０１９年末までに国内資源で代替可能な固体廃棄物の輸入を段階的に停止することなどが盛り込まれた。また、国内における固体廃棄物の回収利用体制を早急に整備し、健全な拡大生産者責任を構築し、生活ごみの分別を推進し、国内の固体廃棄物回収利用率を高めることも目標に含まれている。

中国政府は、2017年8月には「輸入廃棄物管理目録」（同年12月31日施行）を公表し、一部の金属などとともに、工業由来でない廃プラ（生活ごみを含む）を、従来の輸入制限リストから輸入禁止リストに移動することを明示。翌2018年4月には、同年末から工業由来の廃プラ（端材など）についても輸入禁止リストに追加する旨を発表した。2019年以降は廃プラ輸入が全面的に禁止された格好だ。今後は、国内におけるリサイクル資源の回収体制整備を推進し、国内資源による輸入固体廃棄物の代替を進めるものとみられる。

中国政府は近年、大気や水など環境に関する規制を強化しており、分野によってはすでに日本より厳しい規制をかけているともいわれる。今後もこの流れは変わらない見込みで、廃プラ輸入禁止についても一時的なものではなく、継続すると考える必要があるだろう。

中国は、2016年に735万トンの廃プラを輸入していたが、2017年には廃プラの輸入禁止に先駆けて輸入ライセンスがほとんど下りなくなったことなどから

583万トンと大幅に減少。2018年は非工業由来の廃プラ輸入が禁止されたため、輸入量は5万トンに激減した。世界で発生する廃棄物の巨大な受け入れ手となっていた中国が輸入をストップしたことで、各国の廃プラは新たな行き場を探す必要に駆られている。一方、これまで中国に吸い込まれていた廃プラが国内市場に出回るようになることで、国内のリサイクル市場が成長するという期待もあり、日本国内のリサイクル産業でも、これをチャンスと見る動きがあるようだ。

▼空きコンテナ返送で輸出されてきたプラごみ

中国への廃プラ輸出について「先進国が中国に廃棄物処理を押し付けている」といった見方もあ

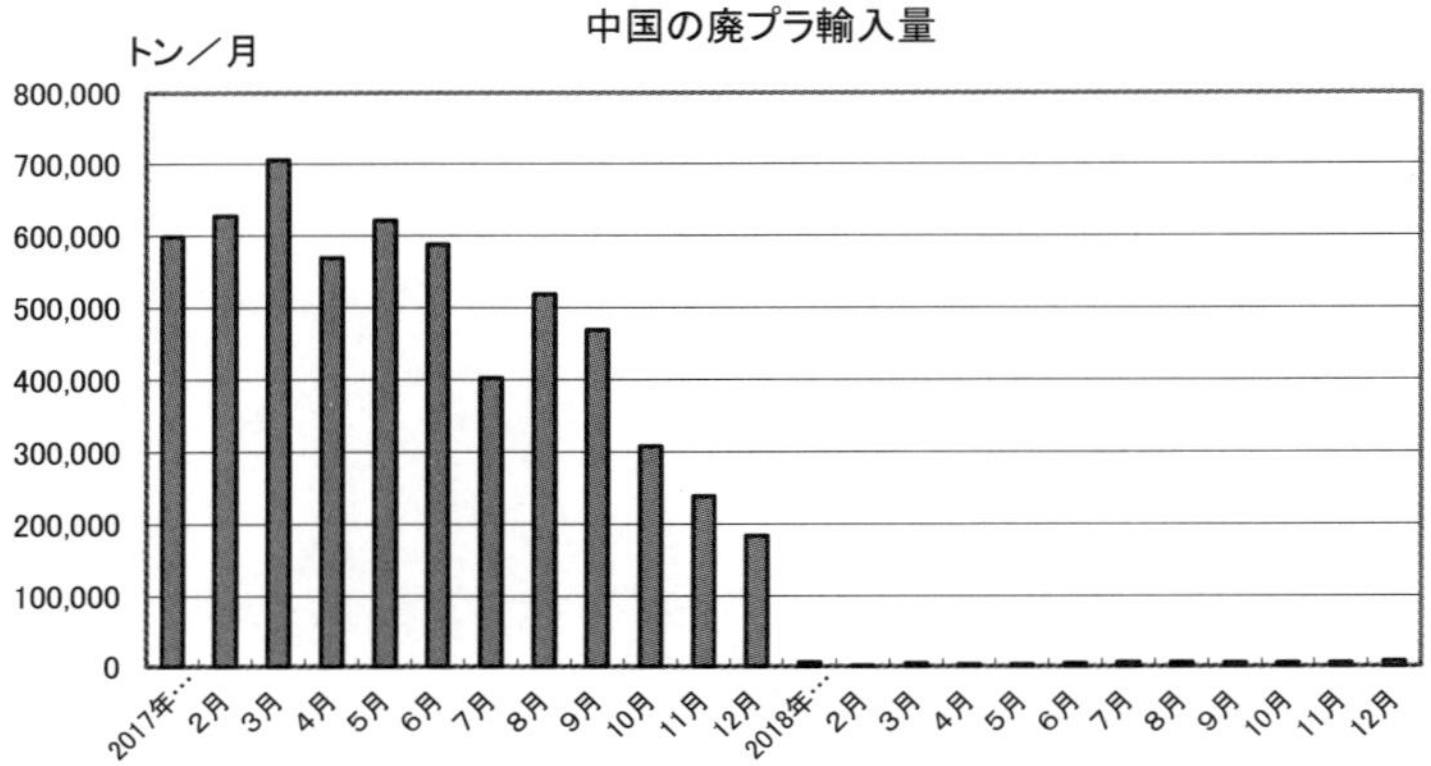

出所：中国海関統計

るが、実際には、中国の貿易量が増大するにつれ、コンテナの空荷返却による船主負担を避ける目的で、格安の運賃で廃プラや古紙の輸入を請け負うケースが増えてきたという、長年にわたる船舶輸送ビジネス上の背景がある。

中国で廃プラ輸入が禁止された結果、コンテナの移動バランスが大きく崩れた。日中間では２０１７年に１０３万ＴＥＵ（20フィートコンテナ換算値）の空コンテナ返送と、それに伴う船主負担が発生したという。

▼日本の廃プラ輸出の行き先

日本が中国に輸出していた廃プラも少なくない。日本の貿易統計（中国の統計とは一致しない）によれば、中国に多くが流れているとみられる香港向けを含めると、２０１６年は１３０万トン、２０１７年には１０２万トンを輸出している。しかし２０１８年は前述の理由などから10万トンにまで激減。一方で、日本の廃プラ総輸出量は前年比70・４％と３割の減少に留まっている。２０１７年まで日本からの仕向地として順位の高かった中国や香港に代わり上位に入ったのはマレーシアやタイなどで、前年と比べ輸出数量が３倍前後に増えている。業界団体によれば、中国のリサイクル業者が輸入原料（廃棄物）を手に入れられなくなったため東南アジアに進出した例や、同じく日本の業者が進出した例などがあるという。しかし従来中国が消費していた量には届いていない。また、東南アジアでも廃プラ輸入の規制を強化する流れにある。マレーシア政府は、２０１８年９月に、同年10月23日以降、廃プラ１トンにつき15リンギットを課税すると発表。輸入許可基準を追加するなど輸入をより厳格化した。タイ政府は、２０１８年６月に電子廃棄物や廃プラの輸入制限を強めるため、廃プラの違法輸入業者に対して取り締まりを強化するとともに、新規輸入許可手続きの停止を実施。併せて廃プラの輸入を一律禁止にする検討を進めている。

■日本の廃プラ輸出先上位10カ国

2016年		2017年		2018年		前年比
中国	802,504	中国	749,268	マレーシア	220,399	292.2%
香港	492,941	香港	274,759	タイ	187,827	322.9%
台湾	68,740	ベトナム	126,219	台湾	177,064	194.8%
ベトナム	65,615	台湾	90,902	ベトナム	123,255	97.7%
マレーシア	32,920	マレーシア	75,435	韓国	101,321	304.7%
韓国	29,174	タイ	58,160	香港	54,299	19.8%
タイ	25,114	韓国	33,258	中国	45,970	6.1%
インド	3,591	インド	7,526	インド	20,987	278.9%
米国	1,602	米国	3,524	インドネシア	20,450	757.5%
パキスタン	693	インドネシア	2,700	フィリピン	11,485	537.0%
輸出総量	1,526,868	輸出総量	1,431,447	輸出総量	1,008,053	70.4%

単位：トン／年、輸出総量には全ての輸出先を含む　　出所：財務省貿易統計

▼日本中で廃プラがあふれる!?

中国による廃プラ輸入禁止の方針が発表された直後から、日本中で廃プラがあふれるのではないかという予測が広がり、関係業界や省庁は懸念して推移を見守っている。環境省によると、２０１８年７月末時点では、廃プラの保管に関して、保管量増加や保管上限の超過等、保管基準違反が発生した自治体は24・８％、前後で変化が見られなかった自治体は46・７％だった。また、処理業者の受入制限に関しては、受入制限を行っていない業者が55・８％、受入制限を行ったが解除した業者が1.7％、受入制限を継続して行っている業者が23・3％、受入制限を検討しているとした業者が11・6％だった。なお、同時点で輸入規制等の影響による廃プラ類の不法投棄は確認されていない。

これまで、分別や洗浄が不十分な廃プラでも中国に引き取り手があったが、今後は廃プラ自体の質を上げていく必要があるだろう。日本は分別・回収のシステムが比較的整備されているが、完全ではない。汚れた廃プラ、別素材の混入などの課題や、リサイクルのシステムが整っていない製品もある。廃プラについて、リサイクル可能な資源になりうるものと、ごみとして処理するほかないものに分け、リサイクル可能なものを「資源プラ」と呼び分けて意識の変革を図る動きもある。廃プラは正しく用いれば貴重な資源になるが、そのためには正しく分別・処理する必要がある。正しい分別・処理を行うためには、消費者や企業を含め、関わる全ての人の理解が不可欠になるだろう。

▼リサイクル体制の整備を急ぐ欧米化学産業

欧州委員会は、2018年1月に「欧州プラスチック戦略」を公表。「2030年までにEU市場のすべてのプラスチック容器包装をリユース・リサイクル可能にする」という目標を示した。同時に、リサイクルをビジネスとして成立させるために、収益性を向上させる方策として、プラ容器包装を優先分野としてEPR（拡大製造者責任）により持続可能なデザインに経済的インセンティブを付与するほか、難燃剤などリサイクル率向上の障害となる化学物質の追跡方法に加え、リサイクル品の用途についても建築・自動車や食品接触分野を含めて検討を進めるとした。

こうした政策面の動きに呼応するように、欧州でプラスチックのリサイクルに関連した投資が相次いでいる。特に、大手のプラスチックメーカーがリサイクル業者と協働し、リサイクルに乗り出すという動きが目立つ。「2030年まで」というタイムリミットがある中で、リサイクルのノウハウを自ら蓄積するよりも、元々ノウハウを持っているリサイクル業者の手を借りるという選択だ。

▼リサイクル関連事業で先行するドイツ・フランス

先行しているのはドイツやフランスで、異業種間での連携もみられる。ドイツのAPKはオランダのDSMと共同で食品包装用多層フィルムのリサイクル事業に乗り出すと発表。多層複合材のリサイクルが可能なAPKの「ニューサイクリング」プロセスを活用する計画で、APKは同プロセスを用い、PE（ポリエチレン）とナイロンによる多層パッケージフィルムのリサイクル工場を建設した。一般的な食品包装用の多層バリアフィルムは、PE層が水蒸気バリア、ナイロンが酸素バリアとして機能し、フードロスの削減に貢献している半面、異なる素材を積層しているためリサイクルに難がある。APKのニューサイクリングプロセスは、溶剤を用いて多層複合材をペレットに戻す技術で、得られる再生材はバージン材（新品の材料）に近い特性を有するという。

フランスのトタルは、同国内の建材メーカーや乳製品メーカーなどと協働し、ＰＳのリサイクル体制を構築する。フランス政府とＥＵのプラスチックリサイクル目標に沿った循環経済ロードマップの自主的コミットメントの一環として行うもので、２０１８年7月から18カ月以内に技術とコストの両面から実現可能性を検証する。フランスでは年間11万トンのＰＳ包装（ヨーグルトの容器など）が流通していると推定されているが、同プロジェクトは使用済み製品を回収し、リサイクルするための技術的なソリューションを探るだけでなく、リサイクルされたＰＳの用途を確保することも含んでいる。トタルは、バージン材と同等品質のリサイクルＰＳ製造を目指して技術開発を進めており、２０１９年にリサイクルＰＳを20％以上含んだＰＳを４０００トン生産することを目標に据えている。

オランダのライオンデルバセルは、フランスのスエズとプラスチックリサイクルを手掛ける合弁会社ＱＣＰ（両社折半出資）をオランダのシッタートへレーンに設立した。使用済みプラスチックをバージン品質のＰＥとＰＰ（ポリプロピレン）にリサイクルする計画。ライオンデルバセルは、ＱＣＰで製造したＰＰとＰＥを自社の製品ラインアップに加え、サステナビリティ（持続可能性）製品の需要が増加する欧州市場向けに展開する。一方のスエズもプラスチックリサイクル市場を重要視しており、すでに欧州でリサイクルプラント９基を運用。２０１７年には40万トンのプラスチックごみを処理し、15万トンのプラスチックに再生した。今後もさらに能力を拡大し、２０２０年までに処理能力を50％増の60万トンまで高めるとしている。

また、北米においてもリサイクル体制の整備に関する企業間の取り組みが多くみられる。ＰＳ大手のイネオス・スタイロルーションは、カナダのリバイタル・ポリマーおよびパイロウェーブとＰＳ包装材のリサイクルに関する戦略的提携を締結。食品包装などに使用される使い捨てのＰＳ包装材をリサイクルし、ＰＳ製品の製造に再利用することで、循環型のリサイクルシステムを構築する。この取り組みは、カナダにおけるＰＳ包装材の埋立量を削減するとともに、グローバルな環境課題としてクローズアップされている海洋プラごみ問題への貢献を目指すもの。回収・選別したＰＳ包装材を原料のＳＭ（スチレンモノマー）に戻し、これを用いてイネオス・スタイロルーションが再びＰＳ重合するという流れだ。この取り組みでは、パイロウェーブが開発した触媒マイクロ波解重合（ＣＭＤ）技術を使用。同技術は着色されたＰＳ包装材や食品残渣が付着している場合においても問題なくリサイクルが可能なため、リサイクル事業として受け入れ可能なＰＳ廃棄物の範囲が広がり、回収率の向上に寄与すると期待される。

ナイロン大手のアクアフィルは、米国・アリゾナ州フェニックスでカーペットリサイクル施設を開設した。この施設では、使用済みカーペットをＰＰとナイロンに分離し、ナイロンは自社でファッション向けやインテリア向けで使用されるナイロン糸に再生。ＰＰは射出成形業界向けに外販する。同社によると、米国では毎年35億ポンド（約１６０万トン）のカーペットが国内で廃棄されているが、このうちリサイクルされるのはわずか２～３％程度で、残りは埋立あるいは焼却処分されているという。同社は２０１９年内をめどに、カリフォルニア州ウッドランドで第２のリサイクル拠点開設を計画している。

飲料大手の米コカ・コーラは、オランダのイオニカ・テクノロジーズに融資を行うことで合意。イオニカは、カラーボトルなどのリサイクルが難しいＰＥＴ樹脂を含む廃棄物を高品質のＰＥＴ素材に再生する独自技術を有しており、今回の融資は同技術の開発を促進することを目的としている。すでに実証段階にあり、イオニカはオランダで年間処理能力1万トンのＰＥＴリサイクル工場を建設中で、２０１９年内の稼働開始を予定。コカ・コーラは、「廃棄物ゼロ社会」の実現に向けたグローバルビジョンを掲げており、この中で「原材料の50％以上がリサイクル素材の容器を２０３０年までに開発すること」などを盛り込んでいる。コカ・コーラは今回の融資を通じて高品質再生ＰＥＴ素材の開発を促進し、自社で使用するペットボトルの原料で再生材の利用を増やしたい考えだ。

Q&A

Q なぜ中国は廃プラスチック輸入を禁止したのですか？

A 中国政府によると、一部の地域で環境保護を軽視し、人の身体健康と生活環境に対して重大な危害をもたらしている実態を踏まえ、固体廃棄物の輸入管理を十全なものとし、固体廃棄物の回収、利用、管理を強化することを基本方針として、２０１７年末までに環境への危害が大きい固体廃棄物の輸入を禁止し、２０１９年末までに国内資源で代替可能な固体廃棄物の輸入を段階的に停止する、としています。実際に２０１８年１月から廃プラの輸入はほとんど停止されました。今後は、国内におけるリサイクル資源の回収体制整備を推進し、国内資源による輸入固体廃棄物の代替を進めるとみられています。

（１１４頁「▼中国の廃プラスチック輸入禁止」を参照）。

第5章

国内産業界の対応

第5章　国内産業界の対応

テレビ、エアコン、冷蔵庫、洗濯機、パソコン、スマートフォン、弁当容器、ペットボトル、歯ブラシ、紙おむつ…。プラスチックの存在を意識しながら日常生活を見渡してみると、いかにプラスチックに囲まれて暮らしているかを実感できる。

▼プラスチックのメリット・デメリット

プラスチックは軽くて丈夫、錆びない、腐らない、耐水性（水に強い）・耐薬品性（酸やアルカリに強い）がある、成形しやすい、着色が容易といった多くのメリットがある。また、低コストで大量に生産できる点も大きな特長で、人類の社会生活において不可欠な素材と言っても過言ではない。一方で、使用後に適切な処理がなされずに投棄された場合は、耐久性の高さといった特性が仇となり、地球環境に長く存在する。その中で河川に流れ込み、やがては世界中の海洋に蓄積するといった実態が社会問題になり、政治的にも大きく取り上げられている。

プラスチックから連想されるイメージとして、道端や水辺に散らばるプラスチックごみを思い浮かべる人も多いのではないだろうか。化学産業やプラスチック産業に携わる人でもない限り、地球環境を汚染する厄介者というイメージの方が強いかもしれない。

しかし、食品包装を例にとれば、プラスチックフィルムが有する高いバリア性で食品の品質保持期間を大幅に伸ばし、フードロスの削減に大きく貢献している。一方で使用後にポイ捨てされれば、プラごみとして一括りにされる。要は、使用後の廃棄・処理段階まで含めて「使い方次第」ということだ。

▼ライフサイクルコストで考える

昨今、海洋プラごみ問題を引き金として、欧州を中心に脱プラスチック論が広がりつつあるが、プラスチックを使わないことが、果たして本当に地球環境にとって良いことなのか。その問いには、ＬＣＡ（ライフサイクルアセスメント）という手法を用いることで、客観的な根拠を伴って答えることができる。

ＬＣＡは、製品の原材料調達から、生産、流通、使用、廃棄段階に至るまでのライフサイクル全体で投入資源や環境負荷、それによる地球や生態系への潜在的な環境影響を定量的に評価する手法。プラスチックの適正処理や有効利用のための技術開発とその普及に努めているプラスチック循環利用協会（以下、プラ循環協）は、ＬＣＡを用いてプラスチック製食品容器包装を用いた製品トータル（容器包装とその中身食品）のライフサイクル全体における環境負荷削減効果を解析し、プラスチック製食品容器包装を適切に使用することで環境負荷削減に寄与することを明らかにしている。

▼モモのＬＣＡ評価

「環境に良い」あるいは「環境にやさしい」といった謳い文句を目にする機会は多いが、こうした表現は主観的な判断に過ぎない。むしろ、「環境に良い」と思っていたことが、かえって環境負荷を高めている可能性すらある。これに対して、ＬＣＡは選定対象について条件を設定し、それがエネルギー消費量、CO_2発生量、水収支などにどのような影響を及ぼすかを分析することで、誰もが納得できる客観的な根拠を示すことができる。これにより、主観によることなく、本当に環境にやさしいのか、そうではないのかを判断することが可能になる。

一例として、プラ循環協が果物のモモを用いて実施したプラ製食品容器包装のＬＣＡ解析を紹介する。この調査においては、小売店における収穫直後の損傷していないモモを対象に、生産から輸送、消費、容器包装の処理段階に至るまでの環境影響を評価するためのデータを収集した。このケースでは特に品質保持効果がポイントになるため、生産地から消費地までの輸送段階に着目し、トラック輸送時の振動を再現する３次元振動試験機を用いて食品の損傷を評価。容器の包装形態は、機能性プラスチック製包装容器（吊り下げ型緩衝材を用いた容器）、一般プラスチック製包装容器（発泡ポリエチレン製で網目状構造の保護・緩衝材）、容器包装なし（ダンボール箱のみ）の３つとし、包装形態別と輸送距離別の損傷率データを採取し、製品トータルのＧＨＧ（温室効果ガス）削減量とエネルギー消費量を算定した。

この結果、モモの国内平均輸送距離（３２４km）においては、プラ製容器包装がない場合（ダンボールのみ）の損傷率が73・５％に達するのに対し、一般プラ製食品容器包装の使用により損傷率は5.2％まで低下。さらに、機能性プラを使用した場合は0.1％まで低下する。ＧＨＧ排出量では、一般プラ製食品容器包装でダンボールのみの場合と比較して45％、機能性プラでは42％削減される（機能性プラは製造段階等の環境負荷が高いため、トータルのＧＨＧ削減効果は一般プラを下回る）ことが分かった。これらの調査結果を踏まえ、同協会では「プラスチック製容器包装を使用することによる環境負荷の増加はあるものの、容器包装用プラが有する緩衝機能や固定保持機能によって輸送振動に起因する衝撃から青果物の損傷が軽減され、損傷に伴う再生産量が減少することで最終的にはＧＨＧ排出量増加が抑制される」と結論づけている。

▼エコバッグはレジ袋よりエコなのか

もっと身近な事例では、レジ袋とエコバッグの環境負荷をＬＣＡで評価すると、意外な分析結果が得られる。レジ袋は、薄くても強度のある高密度ポリエチレン（ＨＤＰＥ）から作られており、化学的に安定しているため自然界で簡単には分解しない。街中に散乱するレジ袋は見た目も悪く、水に浮くために目立つということもあり、昨今では代表的な使い捨てプラスチックとして槍玉に挙げられるケースが多い。日本においても、２０２０年をめどに無償配布を禁止（有料化）する方向で使用を制限する議論が進められている。

こうした背景から、繰り返し使えるエコバッグの使用が奨励されているわけだが、結論から言うと、エコバッグそのものの品質や使い方次第ではレジ袋よりも環境負荷を高めてしまう場合がある。エコバッグは一般的にポリエステル繊維から作られており、1枚当たりの重量はＨＤＰＥ製レジ袋のおよそ10倍。原料調達から製造、輸送、処分までの各段階でかかる環境負荷が重く、ライフサイクル全体で発生するＣＯ$_2$排出量はエコバッグ1枚当たりでレジ袋の約50倍という分析結果もある。この場合、1枚のエコバッグを50回以上使うことで、初めて環境負荷の低減効果が得られることになるが、実際には50回使う前に破れて使えなくなる可能性もあるし、洗浄する必要が生じた場合は、水や洗剤を使用することによる環境負荷が加わる。対して、レジ袋は次回の買い物やごみ袋などとして再利用されることも多く、実際の環境負荷は使い捨てを想定した計算値より低くなる可能性が高い。

この結果から分かるのは、「エコバッグは環境に良く、レジ袋は資源を無駄遣いしている」とは一概に言えず、「使い方による」ということ。エコバッグを持っているだけで使わなければ製造や輸送に要した資源が無駄になり、レジ袋は繰り返し使うことで環境負荷を抑えられる。もちろん、ポイ捨てはもってのほかだ。

▼プラスチックを減らせば流出ごみも減るのか

日本では廃プラをマテリアルフローで体系的に管理しているが、日本から海洋に流出する廃プラはマテリアルフローには反映されていない。ジェナ・ジャンベック博士の推計によると日本は年2万〜6万トン、世界全体では480万〜1270万トンだが、最近の研究では、「日本に関しては一ケタ多いのでは（実際は数千トン）？」という指摘もある。

2017年の国内樹脂生産量は1102万トンで、海洋への流出は多く見積もっても0.5％程度。発生源も明らかになっていないが、日本の場合は災害による流出が量的に最大と言われており、これを防ぐ手立ては現実的に難しい。また、日本から流出する廃プラはポイ捨てされた使い捨てプラが全てではなく、不法投棄も含まれている。もちろん、使い捨てプラの使用を減らしていくことは重要だが、海洋流出の観点においては、日本で今以上に減らせる余地は小さい。

経済産業省の「工業統計表　産業編」によれば、広義の化学工業（化学工業＋プラスチック製品＋ゴム製品）の出荷額は42兆円（2016年実績）に上り、製造業全体（302兆円）の13・9％を占め、89万人が従事（2017年実績）している。プラスチックの使用を減らすことによる経済的な損失も懸念されるところだ。

▼化学・素材産業5団体によるＪａＩＭＥ設立

日本の化学・素材産業界では、海洋プラごみ問題に対して執るべき対応を検討・推進することを目的として、日本化学工業協会（日化協）、日本プラスチック工業連盟（プラ工連）、プラスチック循環利用協会（プラ循環協）、石油化学工業協会（石化協）、塩ビ工業・環境協会（ＶＥＣ）の化学産業関連5団体を共同事務局とする「ＪａＩＭＥ（ジャイミー（※）、和名＝海洋プラスチック問題対応協議会）」を２０１８年9月に設立。会長には、日化協会長の淡輪敏氏（三井化学社長）が就任した。

発足時にＪａＩＭＥが掲げた事業計画は①情報の整理と発信②国内動向への対応（関係当局へ産業界としての意見具申など）③アジアへの働きかけ④科学的知見の蓄積――の4点。海洋プラごみ問題への対応として、まず河川・海洋へ出さないことが最重要と認識し、そのためにどのような対応を執るべきか、その対応に対して化学産業でどのような貢献が可能かを審議。一方で、すでに海洋へ排出されたプラスチック廃棄物に対しては、具体的な対応策を立案する上で科学的知見が必要になるため、その強化を図る中

※ＪａＩＭＥ＝Japan Initiative for Marine Environment

で化学産業として担うべき貢献は何かという視点で審議する。並行して学識経験者やＮＰＯ等から発信される様々な情報を収集・整理し、政策面への影響なども含めて解析していく。

▼基本はレスポンシブル・ケアの理念

化学産業界では、従来から「レスポンシブル・ケア（ＲＣ）」という理念・活動を積極的に推進している。ＲＣは化学製品の開発から製造、消費、廃棄・リサイクルまでの全ライフサイクルにおいて、自主的に環境・健康・安全を確保し、更なる改善を図っていくというもので、他の産業ではみられないユニークな活動だ。この活動は１９８５年にカナダで始まり、日本では１９９５年に設立された日本レスポンシブル・ケア協議会を中心として普及に努め、活発な活動を行っている。

ＪａＩＭＥの淡輪会長は、地球規模の課題となった海洋プラごみ問題に対して「付け焼き刃的に対応するのではなく、ＲＣの精神を活かして取り組んでいく」と語る。ＪａＩＭＥの活動は、まさにこのＲＣの考え方がベースになり、ＲＣの活動を膨らませていくことが基本スタンス。特に、この問題は個社ベースで対応することが難しいため、プラスチック製品を作る側だけでなく使う側、さらには処理する側なども含めて全体で取り組んでいくべき問題と位置づけている。

▼流出防止が最重要課題

ＪａＩＭＥが最重要課題としている河川・海洋への流出防止というテーマに関しては、使用済みの廃プラスチックを系外に出さないという管理体系の整備が不可欠。この点、第３章「日本の廃プラ管理は世界一」の項で述べた通り、日本は世界トップレベルの管理体系を確立している。淡輪会長は「リサイクル率を上げていくのは、その次のステップ」との考えで、対外的にも「まずは適正に管理して処理できる体制を構築することが先決」と繰り返し主張しており、廃プラ管理を充実させる「日本型モデル」を世界に発信している。

この日本型モデルにおいて、キーワードになるのは「エネルギーリカバリー（ＥＲ、日本ではサーマルリサイクルとも呼ぶ）」だ。日本の廃プラ有効利用率は２０１７年度実績で86％で、このうちＥＲの比率が58％と過半を占めているが、ＥＲをリサイクルに含めるかどうかは、特に日本と欧州で意見が分かれている。「含めない派」が懸念するのは、燃やすことによってCO_2が発生する点で、地球温暖化対策と相反するということ。しかし、日本の場合は廃プラを燃やすことで発生する熱を回収して利用しており、その分の化石燃料の消費を減らしている。また、マテリアルリサイクルやケミカルリサイクルを行う場合でも、その工程においてCO_2の発生は避けられない。ＪａＩＭＥでは、この辺りをＬＣＡで評価し、ＥＲの有用性を検証する取り組みを進めている。

▼科学的知見の積み上げで現実的対応を

また、科学的知見を積み上げていくことも重要だ。現状においては、海洋プラごみの発生源・発生量から生態系への影響に至るまで未解明な点が多く、あらゆる面で知見が不足している。それにも拘わらず、誤食して吐き戻しに失敗したストローが鼻に詰まった亀や、消化管にプラごみが詰まった鯨に代表されるように、特定の条件下で得られた断片的な結果がショッキングな画像とともにセンセーショナルに報じられ、半ば感情的に「プラスチックは悪」という風潮になりつつあるように見受けられる。これでは問題の本質を見失いかねない。ＪａＩＭＥにおいては、素材産業のサプライチェーンで比較的川上に位置し、サイエンスに近い性質を持つ日化協が中心となって、科学的知見の積み上げげに注力。再現性を伴ったデータやエビデンスを積み上げることで、海洋プラごみ問題に対して現実的に対処していこうとしている。

一方、サプライチェーンの川下に位置するプラ工連は、プラスチック製品を作る側、売る側、使う側、全てが海洋プラごみ問題を意識すべきと主張する。プラ工連は従来から海洋プラごみ問題の解決に向けた宣言活動や啓発活動などに取り組んできたが、日本においても「海洋プラごみは身の周りからも発生している」という意識がまだまだ低いという現状に鑑み、今後も継続的に一般消費者への啓発に注力していく方針だ。一方でプラスチックメーカーや加工品メーカーに対しては、リサイクル業者と協働し、よりリサイクルしやすい製品設計など、「使用後」のことも考えた製品開発を行うべきと提言している。ただ、この「使用後」という従来にはなかった観点を加えた製品は、それ相応のコストが掛かると予想される。消費者側が「使用後」の付加価値を認識できなければ、単に値段が高いだけの製品に成り下がってしまうだろう。消費者側が海洋プラごみ問題の現状を正しく把握し、値段が高い理由を理解した上で使うか否かを判断する。こうした視点を養っていくことも重要なのではないか。

▼海洋プラごみは「人類全体の問題」

また、石化協とプラ循環協の会長を兼任する森川宏平氏（昭和電工社長）は「海洋プラごみ問題は化学をはじめとするモノづくり産業にとどまらず、自然界にないものを創り出すことによって便利な生活を手に入れている人類全体の問題」との認識を示し、「そうである以上は、自然環境や安全に対して責任を持たねばならない」と語る。森川氏の考えでは、責任のステージは①製造工程における環境・安全への配慮②製品自体の環境・安全への配慮③使用後の環境・安全への配慮――の３段階。プラスチックに限らず、家電や建築廃材なども同様で、環境先進国である日本でさえも「③の取り組みはこれからが本番」だ。森川氏は「廃棄をできるだけ少なくする、あるいは排出されたものをいかに回収してリサイクルするか等、化学企業としてやるべきことは当然あるが、人類全体があらゆるものに対して責任を持ち、地球規模で取り組んでいく必要がある」と主張する。

インタビュー

◇ＪａＩＭＥ・淡輪会長～流出防止へ日本型モデルを世界に発信
科学的知見の蓄積・発信にも注力／熱回収の有用性をＬＣＡで検証

ＪａＩＭＥは、海洋プラごみ問題について日本の化学産業として執るべき対応を検討・推進することを目的として２０１８年９月に発足。日本化学工業協会、日本プラスチック工業連盟、プラスチック循環利用協会、石油化学工業協会、塩ビ工業・環境協会の化学産業関連５団体を共同事務局として、会長には日化協の淡輪敏（たんのわ　つとむ）会長（三井化学社長）が就任した。当面の事業計画として①情報の整理と発信②国内動向への対応（関係当局へ産業界としての意見具申など）③アジアへの働きかけ④科学的知見の蓄積——の４点を掲げている。淡輪会長に海洋プラスチック問題の現状認識やＪａＩＭＥとしての活動方針などを聞いた。

JaIME
淡輪 敏 会長

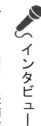

インタビューのキーポイント

●河川への流出防止が最重要。廃プラ管理を充実させる「日本型モデル」を世界に発信
●日本が歴史的に築いてきた手法や取り組みを、必要としている国々へ伝えていく
●科学的知見の積み上げで現実的な対応策を模索／ＥＲ（エネルギーリカバリー＝熱回収）の有用性をＬＣＡ手法で立証
●日本で「廃プラの有効利用率１００％」という目標は達成可能

▽海洋プラごみ問題の現状認識について

プラスチックは軽くて丈夫といった多くの有用性を持つ半面、その耐久性の高さから、ごみとして散乱した場合に長く残ってしまうという問題が非常に深刻になってきている。特に新興国などでプラスチックの使用量が拡大していくのに対して、管理が追いついていないということが問題を引き起こす要因の一つになっているのではないか。

▽廃プラの輸出問題に関しては？

中国が輸入を止めた影響が２０１７年の後半から出てきている。２０１７年につい

ては、中国向けが大きく減り、その分ベトナム・タイ・マレーシアに振り向けられた。2018年はより顕著で、中国向けがほとんどなくなり、輸出量全体も減少している。2018年8月時点で、日本からの総輸出量が単月で6万トンにまで減少した。漸減傾向が続いているのでどこまで減るかは分からないが、この時点で年間60万～70万トンというレベルまで落ちてきている。

▽今までは国内で発生した廃プラの処理を海外に投げる形だった

（リサイクルの原料として）中国側で廃プラ事業が成り立っていたためで、押し付けていたわけではないが、政策の変更で廃プラを受け入れなくなった。これを受けて、それを利用していた再生材メーカーの事業が行き詰まるという現実もある。一方で、今度は廃プラではなく、それを処理した再生ペレットの形で受け入れる、というような事業のニーズも出てきている。

▽日本の素材メーカーで再生材の使用比率を上げる余地は？

再生材というより、処理するときにどう使うか。例えば昭和電工は廃プラからアンモニアを製造しているし、三井化学も（実用には至っていないが）ナフサの分解炉に原料として投入することを検討している。プラスチックに再生する以外にも、選択肢は色々ある。

▽資源循環に関する化学業界の取り組みは？

ＲＣ（レスポンシブル・ケア）という思想がベースにある。これは製造から体系化し、社会環境などへの影響を鑑みながらどう対応していくかという考え方で、このＲＣの取り組みこそが、環境対応に対する基本スタンスになる。今、海洋プラごみ問題が急浮上しているが、付け焼き刃的に対応をするのではなく、基本的なＲＣの精神を活かして取り組んでいくべきだ。

▽海洋プラごみ問題に対するＪａＩＭＥのスタンスは？

基本はＲＣの活動を膨らませていくこと。この問題は個社ベースでの対応が難しいので、色々な協会単位でなるべく幅広く横断的に、作る側だけでなく使う側・処理する側など、全体で取り組んでいくべき問題だ。

我々が果たすべき役割の中で、科学的な検証というのは色々な意味で必要になる。例えばマイクロプラスチックが本当に有害物質を吸着するのか、それを食べた魚が吸収して人体にまで影響が及ぶようなことが実際に起こり得るのか、検証が必要だ。

もう1つはＥＲ。これをリサイクルに含めるのかどうかという点で議論があるが、私が何度も主張しているのは、まずプラスチック廃棄物の排出・流出管理をしっかりやることがファーストステップであり、リサイクル率を上げていくのはその次の段階だ。まずは廃棄物の排出・流出を適正に管理して処理できる体制を作ることが先決だろう。

また、ＥＲの有用性を検証することも必要だ。燃やせばCO_2が発生するので、その観点から批判を浴びているわけだが、日本の場合は燃やすことで発生する熱を回収して利用している。これが無ければ、例えば火力発電所では化石燃料を追加投入して補う必要が生じるので、それを減らしている効果はある。CO_2のエミッションという部分で評価されてしかるべきだ。ケミカルリサイクル（ＣＲ）やマテリアルリサイクル（ＭＲ）にしても、途中のプロセスでエネルギーを消費し、CO_2が発生する。それらと比較してどうなのか、その辺りを検証する必要がある。現在、ＥＲのＬＣＡ（ライフサイクルアセスメント）評価を進めているところで、5月にハンガリーで開催される国際学会で発表しようと考えている。

また、ＪａＩＭＥとしては、日本がこれまでに行ってきた取り組みやマテリアルフローの作成方法、ＥＲを行うにはどういう炉が必要でどう燃やしているかなどについて、必要としている国に情報を発信していくことが重要な役割の1つで、すでに取り組みを始めている。

▽世界中で廃プラを適正に処理する必要があるが、各国で事情・条件は様々

地理的な制約条件など、色々な要素が絡むので、単に埋め立ては良くないと指摘しても仕方のない話だ。生ごみと一緒に埋めてしまうというやり方も、それがあるべき姿ではないにしても、廃棄物を系外に出さない、非管理のまま自然界に排出・流出させないという部分においては、おかしいと言えることではない。特にコストの面では、例えば砂漠のような未利用の広大な土地がある国ならば、埋め立てのほうが安く済むというようなこともあるだろう。その国の財政事情等もあるので、こういったことも認めていか

なければならない。日本型のシステムを構築しようとしても、急にはできないということも起こり得る。管理体系を確立する過程においては、ステップワイズ（段階的）に進めて行かざるを得ない部分もあると思う。

▽日本型モデルの特徴は？

日本においては、3R（リデュース、リユース、リサイクル）という思想の下、地域の行政や企業も含めて分別収集や処理の方法を体系的に確立し、それをトータルで管理するマテリアルフローも作製している。それは地理的な制約条件（埋め立てる土地が乏しい等）がある中で歴史的に育まれてきたもので、国民も分別収集のルールを守り、几帳面に実行している。もちろん、マテリアルフローには推測値も含まれるが、ここまでの管理ができているということが1つのモデルになると強く思ったので、外部に発信していっている。

日本が他国と比べて進んでいる、進んでいないという話ではなく、1つのサンプルとして「こういうやり方もある」と提示していきたい。埋め立てのほうが回収しやすくコストもかからないというのであれば、それも1つの手段。廃棄物を系外に出さないという発想においては、それも多様性の1つとして認めて良いと思う。従って、今の段階でERをリサイクルに入れるか入れないかの議論に深入りするべきではなく、要は廃プラをしっかりと管理して処理しているか、そこを問うべきだ。

▽日本型モデルを広めるには高いモラルが求められ、海外での意識啓発も必要

これは難易度が高く、我々も取り組みを始めたばかり。ベースになるのはICCA（国際化学工業協会協議会）で、GESG（※）欧米日を中心とした主要企業のCEOが構成する機関）や理事会などで発信を続け、まず欧米を含めた企業体に理解を深めてもらうのが第一歩になる。最初の段階（日本型モデルを説明した段階）ではインパクトを持って受け止めてくれたように思う。

サッカーのワールドカップを観戦した日本人サポーターが試合後に清掃を行ったという行為は非常にインパクトがあった。これが日本のクリーンさを保つ日本人の1つのカルチャーだ。そういう場を通して啓蒙していくということも有用だと思う。

▽日本型モデルの改善点は？

ＭＲもしくはＣＲをできる部分があるが、コスト面の課題で増やしていくことが難しい。そういう技術改良の余地はあるし、化学業界に課されたテーマだと思う。

また、分別収集といっても、ほぼ完全に分別できているのはＰＥＴボトルくらいだ。他は、例えばポリオレフィンをＰＥ（ポリエチレン）とＰＰ（ポリプロピレン）に分別するのは難しく、この辺りをまとめて集めてリサイクルに回すとなると、品質的にどこまでの保証値がとれるかは疑問になるので、それを許容できる用途にしか使われていない。ＰＥＴはほとんど混じりっ気ない形で回収できているというところがベースにあり、コストも十分見合う。他素材が混じったりすると、それを分けるためのコストや手間が発生するし、飲料用に使う場合などは神経を使うところだ。

▽モノマテリアル（単一素材）化、あるいは複合素材は使用後に素材別に分けられる構造にすれば、ＰＥＴ以外の素材もＭＲ・ＣＲで循環可能な体系が可能か？

理論的にはあると思うが、回収段階できちんと分けきれるかは難しい。せっかくモノマテリアル化しても、それが何からできているか、誰でも判別できなければ意味がない。

もちろん、そういった取り組みも必要だし、ニーズもあるが、今ですら（分別収集の細分化で）消費者に負担がかかっている。さらに素材別に分けるとなると識別するための表示なりが必要になるだろうし、難易度は高いと思う。

▽日本においても少ないとはいえ埋め立てと単純焼却が残るのが現状

最低でもERまで持って行く方がもちろんベターだし、単純焼却するにも化石燃料を多少は投入しなければならないので、なるべく減らしていくというのが日本としての方向であり、実際にこれまでも単純焼却と埋め立ては減らしてきている。ただし、ERをやるにしても設備が要るわけで、準備段階も必要だ。また、これまでは輸出していた分を国内で処理するという視点でも、一時的には焼却を増やすなりで対応せざるを得ないということも起こり得るだろう。

▽日本から海洋に流出するプラスチックはマテリアルフローに含まれていない

これは不法投棄やポイ捨ても含まれるので、定量的に把握するのは困難だ。日本の場合は災害（大雨や台風など）での流出が量的に最大かと思うので、これを防ぐ手段は現実的に難しい。

▽各国・地域で事情やライフスタイルが異なる中で、国際的なコンセンサスが得られるか？

各国の財政事情なり地理的な制約条件など、色々なことがあるので、処理のやり方について「それは有用だ」とか「それは違う」などと言い合ってもあまり意味がない。流出を止めるために最低限やるべき管理などの思想を揃えることが肝要で、そのための議論が必要だろう。

▽欧州は脱プラの動きを強めているが、廃プラ管理の現状は？

欧州といっても、国によって違いが大きい。埋め立てをベースにしているところもあるし、そうでない処理方法を考えているところもある。一律に語るのは難しい。

▽欧米・アジアで国際連携を働きかけていくのは困難？

ＪａＩＭＥとしてやることは、科学的な検証データが得られればそれを伝えていくし、日本のやり方を紹介していくことも大事なことだ。ただ、どう受け止めるか相手方次第で、強制力はまったくない。

一方で、「ＡＥＰＷ」（※）という基金が立ち上がったが、こういったことで相当の金額を準備できそうだということになれば、今度は必要な資金を投じることができるようになり、景色が相当違ってくる。１６００億円規模という金額が大きいか小さいかという議論は別にして、それくらいの資金があれば処理やインフラ整備のアシストなど、色々な発想ができるようになる。ただし、これは個社の問題、参加するのは個社の意思によるので、どういった使い方をするのかといった議論はこれからやっていかなければならない。

今は投資ファンド等が色々な目的で立ち上がっているが、いずれは収斂されていくのではないか。そうでないと、目的や基金の規模で差が出てしまうし、どこを対象領域にするのかといったことですれ違ってしまう部分も出てくると思う。

※ＡＥＰＷ＝Alliance to End Plastic Waste

２０１９年６月にＧ20があり、日本が議長国を務める。その場でどういう発信をするか、どう議論をまとめていくかといった責任を問われるし、リーダーシップも求められる。そういう中で、どういった方策を打ち出していくかが重要なポイントになるだろう。

▽日本がプラスチック循環資源戦略（案）で掲げる「２０３５年に廃プラ有効利用率１００％」という目標について

ＥＲを含めて有効利用であれば、かなり実現性は高いのではないか。要は埋め立てと単純焼却をゼロにすることであり、一時的に焼却が増えるという局面も想定されるが、インフラ整備がきちんとできてくれば、１００％に近づけていくことは可能だろう。時間軸で２０３５年までに達成できるかは分からないが、１００％という数字は実現可能だと思う。

▽併せて、バイオプラスチックの使用量２００万トンという目標も掲げている

バイオプラスチックは、かなり可食の原料を使うし、製造効率の悪さとコストの高さも課題だ。三井化学もバイオＰＰ等の開発を進めているが、４倍くらいの糖蜜が要る。ポリオレフィンの製造効率は触媒も含めて高いレベルまできているので、これと互していくのは難しい。製造効率と可食原料をどう考えるかだが、バイオプラであっても（適正に処理しなければ）結局はプラごみになるということを忘れてはならない。

▽バイオマスプラ・生分解性プラそれぞれの有効な使い方は？

バイオマスプラはまずコストをどうするのか。ポリオレフィンと同等のコストで製造できるのならば一つの解になるが、３倍程度のコストが避けられないとすると、それを誰が負担するのか、何のためにバイオプラを使うのか、そこを問われる。

生分解性プラは、事業としては面白いと思うが、海洋プラスチック問題の視点では生分解性があるからといって海洋プラの削減に繋がるという話ではなく、生分解性であってもきちっと回収する必要はある。有効な用途として、分かりやすいのは農業用だ。保温用に被せておくフィルムに生分解性プラを用い、使い終わったらそのまま土に返す。あとはコンポストも有望だろう。

▽理論上、バイオマスプラであれば燃やしてもカーボンニュートラルという考え方もある

その理屈は疑問だ。それでカーボンニュートラルが保たれるとしても、そのために可食原料を使うのかと。その観点が抜けている。CO_2ゼロエミッションに有効だからといって可食原料を使えば、食料問題と競合することになる。非可食原料で製造できれば話は変わるが、技術的に難しい。

▽最後に、ＪａＩＭＥ会長としてのメッセージを

まずは事実関係、実態をきちんと把握することが大事だ。日本の対応が立ち後れているという指摘は全くの間違いだが、反対に日本が進んでいると言いふらす必要もない。ただ、きちっとした管理体系は構築しているという事実を国民みな知っておくべきだし、分別回収で努力もしている。

一方で、今の日本のやり方が海洋流出を完全に防いでいるとは言い切れないわけで、さらに改善するために何をすべきか、そういう視点も含めてまだまだ努力を続けていかなければならない。（プラスチックを）製造する側の責任もあるわけで、ＪａＩＭＥ等を通じてやるべきことに取り組み、情報発信なりをきちっとやっていくこと、それを一歩一歩積み上げていくしかない。それにはマスコミの理解と協力も不可欠だ。一部だけを取り上げてセンセーショナルに報じるのではなく、実態に即した冷静な報道をお願いしたい。

海洋プラスチック問題はモラルを守るという観点も重要だが、これはＪａＩＭＥの立場では指摘しにくいところだ。東京オリンピック等を契機に、日本人はこんなにきっちり取り組んでいるというところをアピールし、日本のやり方を伝えていきたい。

（２０１８年10月末に開催された）ＩＣＣＡのＧＥＳＧ会議において、マテリアルフロー図で日本の取り組みや歴史的な事実関係だけを話したところ、「ジャパニーズ・モデル」と評価され、話せば理解してくれるという実感があった。そういう発信をきちんとやっていかなければならない。日本の取り組みは日本国内でも知られていないし、海外ではもっと知られていない。その現実を認識しておく必要がある。

インタビュー

◇日本プラスチック工業連盟～開発・生産・販売に使用後の視点を 海洋プラ問題対策は「産業ある限り常に意識すべき」

日本プラスチック工業連盟（プラ工連）は、1992年から樹脂ペレットの漏出防止に取り組んでいるほか、宣言活動、啓発活動など海プラ問題解決に向けた取り組みを続けている。環境省が主体となって進めるプラスチック循環資源戦略の策定にもプラ工連の岸村小太郎専務理事が委員として参加しているが、もともとプラ工連でも日本版「プラスチック戦略」の策定を進めており、2018年10月に基本方針を発表、2019年5月には形にする考えだ。岸村専務は海洋プラスチック問題について「産業ある限り常に意識していくべき」と語る。

インタビューのキーポイント

- 開発の時から「使用後」のことを考える必要
- 明るい絵を描くリサイクラーも
- 海洋プラスチック問題の対策に終わりはない

▽海洋プラ問題の現状についての認識は？

この問題は2～3年前から話題になっているが、2018年のG7で海洋プラスチック憲章に日本がサインしなかったことで一気に火がついた。また、ウミガメの鼻にストローが刺さっている写真が世界中に広まり、プラスチック製品を忌避する風潮になりつつある。

海洋プラスチックの量に関しては、東京理科大学の二瓶泰雄教授が国内の川にどういうごみが流れているかの調査を始めており、我々もコーディネーターなど支援をしている。

プラエ連
岸村 小太郎 専務理事

今のところジェナ・ジャンベック博士（米ジョージア大学工学部准教授）の推算よりかなり低いという話を聞いているが、今後その辺りも明らかになるのではないか。

海洋プラスチック問題が話題になる中で、プラスチックへの風当たりは強くなっている。商社はプラスチック製品などを海外に輸出するにあたって、海洋プラスチック問題解決に向けた取り組みをしているかどうかを評価されるようだ。プラスチックの代替品として挙げられるものの一つは、おそらく紙だろうが、紙単独では長く持たないので、プラスチックコーティングをしたものなどになるだろう。実際、今でもそういう製品は使われている。紙とプラスチックをうまく組み合わせて良い物ができればいいかと思う。

プラ工連は、細々とだが1992年から樹脂ペレットの漏出防止に取り組んできた。2017年から始まったプラ工連の4カ年計画では、ペレットだけでなく容器包装などプラスチック製品の環境流出を防ぐために「海洋プラスチック問題解決に向けた宣言活動」（趣旨に賛同する企業や業界団体のトップに、プラスチック原材料や製品が海洋ごみにならないよう努める旨の宣言書へ署名を求めるもの。具体的な取り組み内容は各企業・団体で自主的に決める）を盛り込んだ。企画自体は3～4年前から温めていたが、当時は製品の廃棄に関することは「業界の仕事ではない」と言われることが多く、根回しを進めてようやく取り組み出したところだ。

▽問題解決に向けた取り組みは？

1992年から実施している樹脂ペレット漏出防止の取り組みでは、漏出防止マニュアルを90年代に作っており、アンケート調査も行っている。しかし、当時のマニュアルは読むのに苦労するほど内容が盛りだくさんで、アンケートもそれに従って項目が多岐にわたっていたため、現在マニュアルとアンケート項目の見直しを進めている。ポイントを絞って抜き出し、対応しやすいものにして、再度発信して協力を仰ぎたいと考えている。

２０１８年から開始した「海洋プラスチック問題解決に向けた宣言活動」は、現在（２０１９年2月時点）39社と13団体のトップが署名している。ただし、そのうちプラ工連にとって直接の会員は10社前後。２０１９年度には、全ての会員（56社）に署名をしてもらえるよう働きかけていく。

啓発活動も続けており、以前は環境団体や自治体の勉強会・シンポジウムなどに呼ばれて講演をすることが多かったが、今は企業や業界の勉強会・講演会にも積極的に出て講演している。２０１８年からは、プラ工連主催で業界の人間を集め、環境団体などを呼んで話を聞く講演会も開いている。

海洋プラスチック問題そのものではないが、よくリンクして論じられるプラスチック資源循環戦略についても、２０１８年10月にプラ工連として戦略の基となる基本方針を打ち出しており、業界で取り組む目標などを盛り込んで2019年5月に発表する予定だ。あるべきリサイクルの姿や海洋プラスチック問題への取り組みなども含め、色々な関係者と連携して、プラ工連内のワーキンググループや委員会を通じてこれから内容を詰めていく。

▽リサイクルの課題と可能性について

マテリアル（材料）リサイクルについては、大きくは伸びないかもしれないが、リサイクラーが新市場を狙っているので、我々もバックアップしていきたい。リサイクラーと樹脂メーカーや加工品メーカーが組んで、よりリサイクルしやすいモノ作りなどを進めてもらえれば、国内資源循環はより理想に近づくのではないかと思う。

ケミカルリサイクルについては、あまり実施されていないが、我々も力を入れて戦略にも盛り込もうと思っている。結構面白い研究をされているところもある。石油を原料とした廃プラをまた石油に戻すなど、将来化石資源は減っていくので必要な研究だと思う。今後、大手の化学メーカーも巻き込んで、そういったイノベーションにも力を入れたい。NEDO（新エネルギー・産業技術総合開発機構）や産総研（産業技術総合研究所）にも検討グループに加わってもらうようお願いをしている。

サーマルリサイクル（熱回収）は、優先度としては本来それほど高くないかもしれない。しかし、もともと日本は廃棄物処理としてサーマルリサイクルを一生懸命進めてきた。単に石油の無駄遣いだと思われるかもしれないが、決してそういう訳ではない。プラスチックが容器包装などとして、環境負荷や食品ロス削減に役に立った上で、また燃料になる。マテリアルリサイクルやケミカルリサイクルができないものについては、サーマルリサイクルで石油の代わりに最後まできちんと使っていくべきだ。

リサイクルに関しては、中国が廃プラスチックの輸入を禁止したことで産廃の引き受け手がいなくなって、ごみが日本中にあふれるのではないかという話もあったが、私は必ずしもそうは思っていない。一つには、中国のリサイクラーが廃プラスチックを輸入できなくなったため事業が立ちゆかなくなっており、ある程度力のある企業はすでに日本へ進出している。また、日本のリサイクラーで、良い再生材を作ろうとしている企業は、現状について非常に喜んでいる。今まではほとんど中国へ流れていた廃プラスチックが確保できるようになるからだ。プラ工連の会員にも数社いるが、今後について明るい絵を描いていて、向こう5年間で毎年増産計画を立てているリサイクラーもいる。

リサイクル品をバージン材（新品の材料）の代替として提案すると、どうしてもリサイクル品だからと買い叩かれ、性能なども劣る場合がある。だが、今リサイクル品の拡大に注力している企業は、バージン材とは全く違う、これまでプラスチックが使われてこなかったところに市場を広げようとしている。日本のリサイクラーは小さいところが多く、マーケティング力や開発機材などが足りない場合があるため、経産省のＷｅｂサイトで紹介するなどＰＲ面での国の支援や、樹脂メーカーと連携しての共同開発などが実現したらいいと思っている。プラ工連でもそういうバックアップをしていこうと考えている。

▽プラスチックの今後についてどう考えるか？

もともとプラスチックというのは、便利で軽くて、輸送にかかる環境負荷や食品ロスを防ぐなどの観点から、他の素材を代替してきた。プラスチックのメリットについてもよく考えて欲しい。

ただ、プラスチックに限らない話だが、基本的に製品開発では品質とコストを追求するもので、使用後の観点というのは抜けていた。また、必要なものを必要なだけ作るというのは商売として難しいので、大量生産のスタイルになり、残りのものをどこに売り込むかという活動を一生懸命やってきた経緯がある。そのあたりは少し考え直す時期に来ているのではないだろうか。

よく色々な講演でジャストアイデア（思い付き）的に話す案だが、例えば消費者グループと企業で共同開発をするとか「こういう（環境負荷が少ないなどの特長を持つ）製品であれば少々高くても買う」という考えを持つ一定のグループを作って、全国一律ではなく特化した製品を開発し、それを水平展開していく手はあるのかなと思う。ほかに、リサイクラーと樹脂・製品メーカーの共同開発として、例えば複合素材でも、使用後のことを考えてリサイクラー向けにリサイクル可能な製品を作るとか、そういうものを少しずつ増やしていけないかと考えている。企業には、そういった社会・消費者に評価してもらえるような製品開発などを通じて、ビジネスチャンスに結びつけていってもらいたい。

環境省の素案で出ているレジ袋の無料配布禁止は、おそらく通るだろう。日本のレジ袋業界はプラ工連の会員でもあるが、ただでさえ今ほとんど海外製に押されて市場が狭まっている中で、さらに生産量・出荷量が減ってしまうので、個人経営のような小さな所は商売を継続できなくなる。一方で、レジ袋やゴミ袋についてはバイオマスプラスチックにするという案があるが、海外で安価なバイオマスとうたっている製品の中にはバイオマスを十分使っているか怪しいものもある。本当にバイオマスを使っているか、バイオマスプラスチックの認定制度などをうまく取り入れていくことで、結果的に日本の製品が使われるようになり、業界が元気になるかと思う。そういうところも戦略に盛り込んでいきたい。

決して「プラスチックは使ってはいけない」ということではなく、プラスチックの役割を理解しながら上手に使って、使ったあとも上手く分別やリサイクルで回していく形になればと思う。

▽問題に対する理解の深まりについて

プラ工連では４年おきに全国の成人を対象とするイメージ調査を実施していて、直近の２０１６年では初めて「プラスチック製品は町でポイ捨てしても海洋ごみになる」という質問（選択肢は「そう思う」～「そう思わない」の５段階と「わからない」の６つ）

を追加した。当時すでにテレビでも取り上げられて知名度が上がっていたので、かなりの人が「そう思う」と答えるかと思っていたら、意外と少なく35％という結果で、「どちらかといえばそう思う」を足しても50％くらいだった。

海ごみ関係の団体ではないが、環境活動グループに参加している人でも、落ちている容器包装のごみを気にして拾ったあと、ごみ箱がないからと植え込みの下に入れる人もいる。ポイ捨てはもちろん問題だが、ポイ捨てする人は多くない。あふれたペットボトル回収ボックスのそばに、レジ袋に入った普通のごみが置かれていくこともある。理解が広まれば、そういったものも少しは減っていくのかと思う。自分たちの身の回りから出ているということを知って、取り組んでもらえればと思う。

企業についてはメーカー側が（海洋プラスチック問題の）実態を研修などで知ることで、製品開発や売り方に変化が出てくるかと思う。一部すでに実施しているところもあるが、売る時も単に売って終わりではなく、売り先に「使用後は海洋ごみにならないようにして下さい」と言って対策について呼び掛けをするという方法もある。（議論が活発になっていることで）この問題に全体で取り組んでもらえるのではないかという期待を持っている。

▽今後の対策について何が必要か？

一つは海洋ごみにならないような製品開発や市場開発、マーケティングを進めることだ。また、廃棄物管理について日本は非常に進んでいると海外にも認められているので、その点では東南アジアや海外にも技術協力をしていく。一方で日本の取り組みについてのアピールも必要だ。日本は欧州に比べて遅れているとか、リサイクル率が低いと言われることがあるが、日本の統計は生産量をベースにリサイクル率を出しているのに対し、欧州ではごみの回収量をベースに計算しており、単純に比べられるものではない。その数字だけを見て、日本が遅れていると思ってもらいたくはない。日本はもともと土地がなく、埋立量を減らすためにサーマルリサイクルが発展したが、欧州でも南側は埋め立てが多い。北欧ではサーマルリサイクルを進めているところもある。

海洋プラスチック問題の対策について取材を受けると「いつまでやりますか」とよく言われるが、これは産業ある限りずっと常に意識してやっていくべきだ。工場ではどこでも、マンネリになろうが何しようが常に「労災撲滅」と掲げていると思う。海洋プラスチック問題についても、そのレベルでとらえて欲しい。作る側、売る側、使う側、全てが常に意識して取り組む姿勢が必要だ。

Q&A

Q　ＬＣＡ研究の始まりは？

A　１９６９年に米国の飲料メーカーがリターナブル瓶（洗って再利用するガラス瓶）とワンウェイ容器（使い捨て容器）の環境負荷調査を民間の研究所に委託したことが始まりと言われています。繰り返し使う方が環境負荷が小さいと思われがちですが、一概にそうとも言えません。ワンウェイ容器の場合は次の製品のために新たな容器を調達しなければならず、その分の環境負荷を考慮する必要がありますが、リターナブルの場合は検品や洗浄などの過程で環境負荷が発生します。また、重量はガラス瓶が格段に重く、輸送にかかるエネルギーはリターナブル瓶の方が多く必要です。加えて、回収率の良し悪しが環境負荷の増減に大きく影響するため、回収率を高く保つためのシステムも求められます。

第6章 バイオプラスチックへの期待と誤解

第６章　バイオプラスチックへの期待と誤解

海洋プラごみ問題の高まりとともに、注目を集めつつあるバイオプラスチック。「バイオプラスチックは植物から出来ていて、使用後は土に返るから環境にやさしい」。こんなイメージが世間一般に浸透している感があるが、これは一部のバイオプラが有する特性。正しく使われなければ、その機能を十分に発揮できず、大きな可能性とともに課題も抱えている。実際のところ、バイオプラは製造コスト、製造効率、プラスチックとしての性能、海中での生分解性、原料確保などに多くの課題を抱えており、国際的な共通基準も整備されていない。生分解性を有するが故にポイ捨てを助長し、モラルの低下を招きかねない懸念もある。従って、管理された状況下において適正に使用することで、初めて海洋プラごみ問題解決に向けた有効な手段になり得る。

▼「バイオマスプラスチック」と「生分解性プラスチック」

バイオプラスチックには大きく分けて２種類ある。一つは植物を原料とする「バイオマスプラスチック」。これは食物残渣や非可食の植物を原料にできることが多いため、ムダの無いライフサイクルが実現できるほか、ゼロ・エミッションも達成できる素材として期待されている。もう一つは自然分解する特性を持つ「生分解性プラスチック」だ。生分解性プラスチックは微生物のはたらきにより最終的に水とCO_2に分解されるため、土の中に鋤き込んでしまえば数週間単位で分解してなくなってしまう。「こういう画期的な素材は是非広めるべき」という市場の期待を集めると同時に、これまでバイオプラスチックの収益化に苦労してきたメーカー側も、チャンスを生かすべく今まで以上に力を入れ始めている。

しかしバイオプラスチックに対しては、まだ世間の理解不足や誤解が多い。そもそも呼び名に「バイオ」が付くからには原料が植物だと捉えられがちだが、植物由来なのはバイオマスプラスチックのほうだけ。生分解性プラスチックは原料が石油由来のものもある（むしろ石油由来のほうが多い）。さらに、生分

■バイオプラスチックの分類

名称		意味	備考
バイオプラスチック		バイオマスプラスチックと生分解性プラスチックの総称	
BP バイオマスプラ	バイオマスプラスチック	原料が植物由来。自然から生まれたプラスチック	植物原料由来、部分的に石化原料を使用するものもある
グリーンプラ	グリーンプラスチック（生分解性プラスチック）	微生物により水と二酸化炭素に分解される特性（生分解性）を持つ。自然に還るプラスチック	石化由来のものもある

解性プラスチックは土壌中では分解するが、海中では分解しにくい製品が大半だ。実際、海洋生分解性を持つ製品として国際認証を得ているのは、日本ではカネカのＰＨＢＨという製品だけで（２０１９年３月時点）、世界でも数製品しか認証を得ていない。したがって、バイオプラスチックは健全なＬＣＡや環境保護の観点では貢献が明らかではあるものの、海洋プラスチック問題解決に対しては過度な期待を懸けるのは相応しくない状況にある。

▼市場シェアは僅か１％

バイオプラスチックは新しい製品と考えられがちだが、その歴史は意外に古く、最初の製品が生まれてから90年以上が経つ。１９２５年にフランスのパスツール研究所が枯草菌から脂肪族ポリエステルを発見し、１９３２年にはデュポンがＰＬＡ（ポリ乳酸）の合成を実現。１９６０年代にはすでに一部のバイオプラスチックが工業化されていた。世界で初めて化石由来のプラスチック（フェノール樹脂＝ベークライト）が工業化されたのは１９０７年なので、それほど差がないことが分かる。しかし、これほど長い歴史を持つにも関わらず市場の主力を勝ち得ず、4億トンと言われる化石由来プラスチックの市場規模に対して、バイオプラスチック市場は僅か400万トン（1％）にとどまる。なぜこれほどの差が生まれてしまったのだろうか。

これは「卵が先か、鶏が先か」という話だが、「市場のバイオプラスチックに対するニーズが低く、メーカーが大量生産できなかったこと」と、「メーカーが作らないから市場が形成されて来なかった」という両面が阻害要素となってきた。バイオマスプラスチックに関しては、原料となる植物を安価かつ安定的に調達するのが難しいポイントで、どうしてもコストが高くなりがちだ。対する市場側も、環境配慮の姿勢をアピールできる点以外で、価格に見合う価値を見出して来られなかったという側面がある。

▼市場の受け入れ体制整備も必要

生分解性プラスチックは使用後に焼却処分されてしまえば何の意味も成さない。農業用シートに生分解性プラスチックを使うと、使用後に農地に鋤き込んで分解できるため省力化に貢献できるが、海に流れ出てしまうと分解されにくくなる。あるメーカーが途上国で生分解性プラスチック製ごみ袋の社会実証を行ったところ、ごみ袋自体は期待通り分解されたものの、ごみを分別する習慣が現地で根付いていなかったため、袋だけが消えてごみが残った——というマンガのような話もあった。つまり、使用から回収、処分までのライフサイクルをしっかり管理しなければ、せっかくの優れた機能性を生かせないということだ。しかし、海洋プラスチックごみ問題への関心の高まりを契機に、これまでなかなか日の目を見なかったバイオプラスチックにもようやく光が当たるようになった。この機会を生かすべく、まずはしっかり市場の受け入れ体制を整える必要がある。

インタビュー

◇日本バイオプラスチック協会～「切り札ではないが解決の一助に」
市場は拡大も課題多い／海洋生分解性の評価基準づくり進む▽

海洋プラごみ問題が大きく取り沙汰されるのに伴い、にわかにバイオプラスチックへの注目が高まっている。しかし「環境に良い」イメージが先行するばかりで、きちんと理解が進んでいないのが実状だ。そもそもバイオプラスチックは全てが植物由来ではないし、既存のプラスチックをバイオプラスチックへ置き換えるには、価格面や供給能力、機能性の面で多くの障壁がある。海洋中では分解しにくい製品が大半であることもあまり知られていない。日本バイオプラスチック協会の横尾真介事務局長も、「生分解性プラスチックが海洋プラ問題解決の切り札にはならない」と釘を刺す一方、「しっかり管理された社会で使われさえすれば、解決に向けた一つの有効な手段になり得る」と展望を語る。

日本バイオプラスチック協会
横尾 真介 事務局長

インタビューのキーポイント

●バイオプラスチックには「生分解性プラスチック」と「植物原料由来のバイオマスプラスチック」の2種類があると認識して欲しい
●生分解性プラスチックは、海洋プラ問題解決の切り札ではなく一つの手段
●バイオプラスチックは「しっかり管理された」市場で使われることで意味を成す

▽海洋プラスチックごみ問題とともに、バイオプラスチックに注目が集まっている

２０１７年頃より急にスポットライトが当たり、あまり理解されずにイメージが先行してしまっている。世間では、バイオマスプラスチックは全て植物由来で、なおかつ自然に分解されると考えている人が多いが、そういう製品はむしろ珍しい。植物原料由来だが生分解性を持たない「バイオマスプラスチック」と、石油化学原料由来であっても生分解性を持つ「生分解性プラスチック」という2種類があることを、まずはしっかり認識して欲しい（但しＰＬＡのように植物由来かつ生分解性を持つ製品もある）。

当協会では認証制度を設けており、このマークが付いているものは生分解性プラスチックの製品、このマークが付いているものはバイオマスプラスチックの製品ということで、買う人や使う人が分かり易いようにしている。

▽海洋プラごみ問題に対して果たす役割は？

海洋プラスチックごみ問題の広がりに伴い、特に生分解性プラスチックに関心が高まっており、ともすると、これが解決への切り札だと見られることもある。しかし当協会では、「生分解性プラスチックは海洋プラごみ問題解決への一つの手段になる可能性はあるが、切り札ではない」と捉えている。

▽それはなぜでしょうか？

生分解性プラスチックが有効に機能するためには、あくまで「きちんと管理された」マーケットで使われる場合に限られるからだ。例えば日本のようにしっかりした回収システムがあっても、どうしても漏れて海に流れ出てしまうものがある（年間6万トンと言われる)。この分が海洋で分解するものに置き換えられるならば、生分解性の意義があると言えるだろう。しかし、回収システムが不十分な市場では、「生分解するなら捨てても良い」と勘違いする人が出てきて、むしろポイ捨てを助長し、海洋プラスチックごみを増やしてしまう可能性がある。

また現状は、生分解性プラスチックと言っても、土壌では生分解するが、海洋では生分解しにくいものが大半だ。海洋生分解プラスチックとして国際認証を取っているのは、国内のメーカーではカネカのＰＨＢＨ（ポリヒドロキシブチレート／ヒドロキシヘキサノエート）しかない。一方で、海は水温が冷たいところから暖かいところ、深海から浅瀬まで非常に多種多様な環境があり、一律に「海で分解する」と括れない難しさもある。

▽酸化分解型の生分解性樹脂もあるが？

酸化分解型の生分解性プラスチックやマスターバッチ（着色等を行う配合剤）も販売されているようだが、当協会としてはそれらを生分解性プラスチックとしては見ていない。なぜかというと酸化分解型は完全に生分解するまでの期間が相当に長いのではないかと考えており、完全に分解するまでに崩壊したプラスチックが蓄積してしまう。また分解の過程で壊れて小さくなっていくため、むしろマイクロプラスチックを作る大きな原因の一つになってしまうとも言われている。

▽協会での取り組みは？

ＩＳＯ（国際標準規格）で海洋での分解試験方法が定められており、日本バイオプラスチック協会ではそれに準じた試験を２０１６年から実施している。第１回目はＰＬＡ、ＰＨＢＨ、ＰＢＳＡを使った海洋生分解性の試験を約４００日かけて行い、第２回目も、樹脂の種類を変えて行った。第１回目の試験では、樹脂による優位差は確認されたものの、試験結果にばらつきが見られた。試験にどれほど均質な海水と砂を使うように努力をしても、砂の中にどれ程の微生物が含まれているかによって結果が大きく変わってくるため、条件設定が非常に難しいことも分かった。現在、海洋生分解性の国際的な試験方法に関してはイタリアやドイツからの提案をベースに検討が進んでおり、順調にいけば２０２０年に規格を整備しようと考えているようだが、われわれも試験結果を踏まえ、規格についてＩＳＯに進言していこうと思っている。

▽バイオマスプラや生分解性プラの国際基準は？

バイオマスプラスチックのバイオベース度を測定する規格や、生分解性プラスチックが持つ生分解性の試験方法の規格はあるものの、「これがバイオマスプラスチックだ」あるいは「これが生分解性プラスチックだ」という国際基準はなく、現状はコンポストの基準のみ存在する。日本は国際基準を策定する際に、業界内でまとまった意見を提案することが一般的だが、欧州では有力な化学メーカー1社の意見が通ることも多いし、米国もISOではなく、ASTM（米国試験材料協会）による独自基準を採用している。もちろん国際共通基準があるのが望ましいが、時間がかかるだろう。

▽バイオプラスチックは何を代替することが有効か？

近年は農業用マルチフィルムで採用が増えている。石油化学系のマルチフィルムは回収したり、産業廃棄物として出したりという手間がかかるが、生分解性プラスチックは畑に鋤き込むと、微生物によって二酸化炭素と水に分解されるため、回収の手間とコストが省ける。マルチフィルム自体の値段は倍以上も高いが、高齢化や農業の大規模化が進む中、労務費や産廃コストを加味すればトータルでは割に合うということで、市場に浸透しつつある。また、林業用のマーキング用テープや、動物による食害防止ネットなど回収が困難な用途での使用が増えてきている。

一方バイオプラスチックは、バイオＰＥＴが最も多く、次いでサトウキビの絞りかすを使って作られるバイオＰＥ（ポリエチレン）が多い。石油化学原料のＰＥとバイオＰＥは、原料は違っても最終的には同じものなので、ＰＥが使われる用途なら何でも代替できる。ただし値段が高いので、10～30％という少量を混ぜて使われることが多い。バイオＰＥＴも飲料メーカーが積極的に採用しており、国内では年間1万5０００トン規模が使われているとみられる。

▽食器・カトラリー類の代替の可能性は？

イベント会場などで提供されるお皿やフォークなどに生分解性プラスチックを使うことで食物残渣とともにまとめて回収し、コンポスト処理するという使い方が一つ挙げられる。ただ日本国内には堆肥化工場がそれほど多くあるわけではないので、しっかりとサイクルを考えた上で使わないと意味がない。

一方、焼却処理を前提とするならばバイオマスプラスチックだ。結果的に燃やすことにはなるが、CO_2削減には貢献する。どちらを取るかによって使い方が違う。

▽脱プラスチックの風潮が高まっている

プラスチックは、食品包装や日用品として使われ、衛生的かつ安全で、快適な生活を支えている。食品の品質保持にも多大な貢献をしているし、作り手側の努力によって様々な容器の軽量化にも貢献してきた。過剰に使用するのはいけないが、「脱」というのは安易な考えだと思う。

そもそも海洋プラスチックごみ問題は、海や川に捨てる人がいること自体が問題なのであり、「適切に廃棄する」という個々人の意識を啓発することが一番大切なのだと思う。一方で、国によっては廃棄物回収のシステムが整っていないところも多く、中国や東南アジアから大量の海洋プラスチックごみが流出しているというレポートもある。また欧州でも、海岸のごみ調査の結果多かったストローや綿棒など11品目を規制分野に挙げたようだが、欧州では綿棒などを下水に流して捨てるからだと聞く。このような国情や習慣の違いというのも理解されないまま議論が進んでいる。

▽バイオプラの普及に向けた課題は？

まずはバイオマスプラスチックと生分解性プラスチックそれぞれの特徴を活かした用途や使われ方、一般消費者の認知向上をしっかり図らねばならない。

バイオプラスチックは現在のところ生産規模が小さいため、どうしてもコストが高くなってしまう。本格的に市場が形成されるまでには、やはり政府による導入促進策が必要だろう。例えば地方自治体のごみ回収袋について、コンポスト化できるものは生分解性プラスチックを使うといった規制を設けたりすることが考えられる。またレジ袋の有料化が検討されているが、コストが回収出来るようになることで、バイオマスという付加価値を付ける動きが出てくることを期待している。

しかし、そもそも日本はバイオマス資源が乏しく、ほぼ全ての原料を海外品で賄わざるを得ないのが実状であり、今後は、例えば木材のセルロースから樹脂を作るための画期的な触媒開発なども求められるだろう。

▽バイオマスプラの需要見通しは？

環境省が打ち出した「地球温暖化対策計画」では、２０３０年度に１９７万トンのバイオマスプラスチックを導入すると言及されている。これは温暖化ガスの削減目標から逆算されたもので、一つの目安になる。ただ、バイオマスプラスチックは現状で4万トン程度しか流通しておらず、1000万トン以上と言われる国内プラスチック市場の中では僅か0.4%でしかない。

バイオプラスチックは、過去にも何回か盛り上がりの波が起こったが、いずれも尻すぼみだった。しかし近年は海洋プラごみ問題に加え、サーキュラーエコノミーに関するムーブメントも大きい。環境省の第4次循環型社会形成推進基本計画の「プラスチック資源循環戦略（案）」では「燃やさざるを得ないプラスチックについては原則としてバイオマスプラスチックが使用されるよう取り組む」とし、「2030年度までにバイオマスプラスチックを最大限（約200万トン）導入するよう目指す」としている。

また、2019年は大阪でG20が開催されるが、ここで海洋プラスチックごみ問題への対応方針や対策が打ち出されるのではないかと考えている。世界的に環境問題への意識が高まり、循環型社会の必要性が認識されている昨今の状況から、バイオプラスチック拡大の潮流が続いていくのだと思っている。われわれもバイオプラスチックの普及拡大のために、より一層努めていきたい。

Q&A

Q バイオプラスチックと生分解性プラスチックは同じものですか？

A バイオプラスチックは大きく分けて、植物を原料とする「バイオマスプラスチック」、自然分解する特性を持つ「生分解性プラスチック」の２種類があり、その総称がバイオプラスチックです。バイオマスプラスチックに関しては未だ世界的に統一された定義がなく、日本バイオプラスチック協会では、「原料として再生可能な有機資源由来の物質を含み、化学的または生物学的に合成することにより得られる分子量(Mn)が１千以上の高分子材料（化学的に未修飾な非熱可塑性天然有機高分子材料は除く）」と定めています。一方の生分解性プラスチックは、その名の通り生分解性を有するプラスチックで、原料が天然由来か石油由来かは問いません。

第7章

マイクロプラスチック論争

第７章　マイクロプラスチック論争

マイクロプラスチック（ＭＰ）問題は、プラごみの微細な破片やボディケア製品にスクラブとして添加されたマイクロビーズが下水から河川や海洋に出て、環境を汚染するという問題だ。

このうちマイクロビーズは、プラスチックの微細粒をいろいろな製品に添加する目的で工業生産したもので、一次的ＭＰと呼ぶ。一次的ＭＰは、マイクロビーズの製品への配合や製造流通を禁止することで確実に抑制できるため、各国で法規制が進められている。日本でも業界の自主規制による発生抑制が十分でない場合は、法規制に進む可能性がある。

そしてプラごみが劣化して５㎜以下の微細片になったものは、二次的ＭＰと呼んで大きなプラごみと区別する。こちらはプラごみとの区別があることで、特に生物影響に関して話が複雑になるきらいがあるため、本書の他の章ではＭＰという用語や、ＭＰの生物影響については不用意な言及を避けてきた。

海洋に出たサイズの大きいプラごみが、海洋生物に誤食されたり、遺棄された漁具がからまって死亡する「ゴースト・フィッシング」被害をもたらすことが報告されており、そうした自然に対する悪影響を減らすべきだ、という主張には無視できないものがある。しかし、これは５㎜以下のＭＰとは別の話だ。敢えて言えば、「ゴースト・フィッシング」はどちらかといえば漁業の操業技術やモラルの問題であるし、海が荒れて危険なときにも海洋生物を守るために漁具の遺棄を認めない、などといった人命軽視のルールはあり得ないだろう。公海上の操業に世界共通の規制を作り、各国の船舶がそれを順守するといった状態も短期間では実現できない。

一方、特定の生物がプラごみを誤食する問題は、人間社会の影響から生息環境を保護するために、プラごみ発生・流出防止対策を全世界に広げて使い捨てプラスチックの使用量を削減する、といった気の長い話の前に、生息環境内に流出したごみの回収が不可欠であるし、絶滅の恐れのある生物種ではその危険度に応じた対策が必要であり、野生生物保護の文脈で専門家の知見を得ながら対策が検討されるべき問題であろう。

▼MPの濃度は現在どのくらい？

５㎜以下のMPに関しては、結論を先に言えば、生物影響を含めた現在の環境リスクはさして大きくはなく、現在のところ汚染というほど濃度も高くはない。MPの海洋濃度については、「日本近海でMPが１㎢に１７２万個」という２０１５年の報告がある。一般的な家庭用浴槽の水面（0.５㎡）に換算すると、５㎜以下の粒子が風呂に１粒浮いている状態にあたる。もちろんMPの密度はゼロではなく、数百倍や数千倍へと爆発的に増えた場合には大きな問題となるだろうが、現在は生物に悪影響があるほど多くはないことが分かる。

環境中の百倍、千倍といった高濃度の条件下であれば、MPは生体に色々な直接的影響を及ぼすことが実験によって確認されている。しかしプラスチックそのものは分子のサイズが大きいため消化吸収されない。MPを数粒食べても、消化管を通って排出されるだけであり、小石や砂が口に入ったのと近く、微量の摂取では生物への有害性はない。最近、九州大学の磯辺篤彦教授が発表したコンピュータシミュレーションによる分布予測では、何も対策しない場合にMPが10倍の濃度になるのは、早くて２０６０年だという。

▼MPの環境への有害性は研究の初期段階

ＭＰ問題は、現時点で環境への有害性についてはっきりした証拠が出ていない。環境中にＭＰが「数百万個」存在する、と言う時、ＭＰの平均サイズや総重量について言及がない情報からは、具体的なリスクを読み取ることができないことに注意する必要がある。範囲が１㎡なのか１haなのかによって、さらに直径数㎛の、ほとんど粉末状のＭＰが数百万個存在する場合と、５㎜前後の破片が同じ数存在する場合では、環境に与えるインパクトはまったく異なる。それが悪いことだというつもりはないが、研究者たちも自らの研究成果を世間にアピールするため、集計や予測の範囲を調整し、感覚的に「凄く多い」と感じられる桁になるよう数字のマジックを使い、多少数字を「盛って」報告する傾向があるし、我々を含めメディア側も見出しにインパクトのある数字を求める傾向がある。

ＭＰを実際に検出する技術について言えば、２０１５年頃までは拡大鏡とピンセットを使い手作業で行われており、0.３㎜が検出できる限界だったが、この2〜3年で顕微ＦＴ—ＩＲと呼ばれる微量分析装置の導入が進み、最小10㎛まで検出できるようになった。

その結果、分布や生物影響の調査精度が飛躍的に向上している。近年海洋プラスチック汚染についてのニュースが急増した背景には、ここ数年の検出技術の進歩がある。このように非常に新しい研究であるために、ＭＰには測定法や材質、形状、大きさ、環境中濃度について、大気汚染で言うppmのような科学的標準はまだない。まずそれを決めなければ、結論が異なる論文同士を比較することも難しいという点で、国際団体で議論する科学者の見解は一致しており、研究はまさにこれからなのだ。

さらにＭＰ問題の前提には、「生成プロセス仮説」と「ベクター効果仮説」という二つの仮説が存在する。いずれの仮説も科学的に証明されているとは言えない状態で、ＭＰが自然環境にもたらすリスクについて科学的な証拠はない、とせざるを得ない。日本の「プラスチック循環戦略」でもＭＰの扱いは「これから研究」といったステータスで、「人の健康や環境への影響、海洋への流出状況、流出抑制対策等に関する調査・研究等を推進」する、としている。

▼ＭＰの生成プロセス仮説

まずプラごみが劣化して微細化することによってＭＰが生成する、という生成プロセスの仮説がある。これは海洋中や海岸・河川など自然環境においてどれくらいの時間で微細化が起きるのかさえ確認されていないうえ、「プラごみは劣化しにくいため海洋を半永久的に漂流する」という海洋プラごみの性質とも矛盾する。その一例として伊勢湾に注ぐ河川で回収された漂着ペットボトルの中に、20年前に製造されたものが５％近く混ざっていたという事実もある。

河川で採取されるプラスチックの微細片には、形状や大きさの揃った破片が多く見かけられる。これらはリサイクル作業現場の破砕プラスチックが漏出したものである可能性もある。収集された電化製品や電線などは、リサイクル工場で金属やガラスを取り除き、プラスチック部分を何段階かに分けて破砕機にかけられ、シュレッダーの刃で粉々に粉砕されている。粉砕作業中の破砕機からの飛散や、作業場・機材の清掃時に漏出する可能性がある。破砕処理されるプラスチックは年間数十万トンという量であるため、個々の漏出が微量でも蓄積すれば相当な量になるだろう。

東京理科大学で環境水理学を研究する二瓶泰雄教授の調査によれば、ＭＰは道路脇の下水管でも発見され、交通量の多い幹線道路ではより多く見つかるという。ポイ捨てされ道路に出たプラごみは、自動車が繰り返し踏みつけることで当然微細化するだろう。これも雨水とともに流され、下水管を経由して河川に流出する。ＭＰは紫外線や風波などでプラごみが微細化して発生するだけでなく、人為的原因で発生して漏出していることが十分あり得る。

▼「ベクター効果」仮説

もうひとつ、「ベクター効果」と呼ばれる仮説では、ＭＰが有害化学物質を吸着し、紆余曲折を経て生物濃縮を引き起こすとされている。しかし、現在ＭＰの有害性を確認したとされる研究は、実験室でＭＰ濃度を自然界の１００倍、１０００倍に高めて生物濃縮を発生させており、自然界で発生しているという証拠を示すことはできていない（もちろん否定もされていないが）。結果が出るのはまだ先だが、今回インタビューを行った愛媛大学の鑪迫教授は、この「ベクター効果」についてメダカを題材に研究している。

ベクター効果説を巡る論争について少し紹介する。

①ある化学物質が多くの生物から検出された

②MPには環境内に存在するその化学物質を吸着して濃度を高める性質がある

③多くの生物でプラごみの誤食が確認されている

という3つの事実から、MPが野生動物の化学物質汚染に寄与している、というのがベクター効果の仮説の構造である。ここでは検出された化学物質がMPに付着していたものなのか、環境中に拡散していたものなのか、餌となる生物に蓄積していたものなのかが識別されていない。また誤食した生物の消化管からはMPが発見されているが、内臓、脂肪組織、筋肉、骨など体組織にMPそのものやMP由来の化学物質が吸収されているかどうかは未確認である。

▼予防原則に基づいて研究は必要だが

将来MPが増えた場合に何が起きるか分からないため、「予防原則」に基づいて今のうちから調査・研究しよう、というのが科学の姿勢であり、また将来に備えて万事早めに手を打つのが政治の姿勢である。ＭＰ問題についての科学的結論がはっきりするまでは、経済活動を制約してまでプラスチックを規制する必要はないだろう。

これまで見てきたように、海洋プラごみ問題は発生源の多様さ・複雑さや、対策にかかる莫大な費用から、３年や５年では根本的解決は難しく、ごみの流出防止対策を研究する時間もまだまだ必要だ。それゆえＭＰに関しては現状どれくらいのリスクがあり、どれくらいの時間があるのかを探りつつ、科学的研究の結論を待ってから対策を考えても遅くはない。

また科学的結論がはっきり出ていない状況が、ＭＰに関するある種の「フェイクニュース」の拡散につながっていることは、残念な事態だ。一見もっともらしい情報を、信憑性をチェックすることなく拡散していないか、報道もＮＰＯ・ＮＧＯも、一般向けの情報提供には十分注意を払うべきだ。

インタビュー

◇愛媛大学 鑪迫典久教授～化学物質の環境影響はリスクの大きさで評価すべき

愛媛大学大学院農学研究科生物環境学専攻の鑪迫典久教授は、日化協（日本化学工業協会）のＬＲＩ（長期研究課題）指定テーマとして「マイクロプラスチックの存在下、非存在下における魚類への生物蓄積と生物間濃縮に関する研究」を進めている。ＬＲＩにおける他のＭＰに関する研究テーマには、九州大学大学院農学研究院の大嶋雄治教授による「マイクロプラスチックに吸着した化学物質の環境生物への曝露またはリスクの評価」、群馬大学大学院理工学府の黒田真一教授による「マイクロプラスチック生成機構の解明」などがある。

インタビューのキーポイント

- 現在海洋中に存在するＭＰの量は過去に排出されたプラごみの量と比べて少ない
- 化学物質の環境影響は、有害物質の有無ではなくリスクの大きさで評価すべき

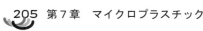

▽海洋のマイクロプラスチック（ＭＰ）濃度がどんどん高くなると生態系に影響が出ると言われているが

数十年後、実際にＭＰの濃度が増加するのか減少するのかはよく分かっていない。単純に海洋中プラスチックごみから定量的にＭＰが作られるとすると、現在海洋中に存在するＭＰの量は過去に排出されたプラごみの量と比べて少なく、マスバランスがとれていない。昔から電化製品や魚網、プラスチック製の浮きなど、プラスチックごみは排出されており、日本近海の海洋ごみがもっと酷い状態だった時代もあった。

愛媛大学大学院 農学研究科
鑪迫 典久 教授

プラスチックからＭＰができるまで仮に１００年かかるとしたら、過去のプラスチックごみから、これからＭＰが順次生産されていくため、どんどん増えていくのかもしれない。その場合、現時点でマクロプラスチック（プラスチック製品とＭＰの間のサイズ）は過去の排出プラごみに見合った量が存在していなければならないが、そのような報告はない。さらに近年プラスチックの再資源化などにより廃棄量も減っていることを考えると、今後MPは本当に増えると言えるだろうか。ペットボトルが紫外線や物理的影響でボロボロになって微細化する現象は実験的に確かめられているが、自然界で実際にペットボトルからMPができることを確認した報告はない。今後証明されるべき課題だ。

▽MPが化学物質を運ぶという説は？

この2、3年に日本でMPに対する関心が高まったのは、レジンペレットがPOPsと呼ばれるPCB（ポリ塩化ビフェニル）などの海洋汚染物質を吸着しているという事実と、魚介類や人の体内からMPが検出されているという事実を組み合わせて、MPを介して積極的に人体にPCB等の有害物質が取り込まれている可能性があるという懸念や恐怖によると考えられる。

世界中の海岸で採集されたレジンペレットには確かにPOPsなどの化学物質が付着しているが、その検出にはペレットを有機溶媒で洗浄して化学物質をペレットから剥離する必要がある。MPに吸着した海洋汚染化学物質が生物の体内で剥離するかどうかについての研究は緒についたばかりでまだ確かなデータが得られていない。ＭＰに吸着している化学物質は微量で、それが体内ですべて剥離すると仮定し、満腹になるほどＭＰを食べたとしても、脂ののったマグロの刺身を一切れ食べたときに摂取される海洋汚染化学物質や自然由来の水銀の方が多いと思われる。

▽研究の出発点、目的について

元々の専門は化学物質の生体毒性、生物影響の研究だ。現在は生体毒性というよりは、ＭＰに関するデータギャップ、すなわち情報・データの欠落部分について明らかにしていきたいという狙いで研究している。

まずＭＰに付着した化学物質が現実に生物に移行しているのか、移行するとしたらどの程度の量なのかを明らかにしないといけない。ＭＰからの移行量が分かったとしても、海洋中にはプラスチック以外にも、プランクトンや無機・有機物の微細浮遊物が存在しており、それらへの化学物質の吸着および上位生物への移行を俯瞰した上でＭＰの寄与割合を明確にする必要がある。現在ＭＰが取り上げられているが、ＭＰ自体の生物へのリスクを明らかにするとともに、生物移行への相対的なMPのリスクを知りたい、というのが研究の動機だ。

▽MPに限らず浮遊物すべてにベクター効果がある？

初期段階の調査でも分かるが、海洋中にはMP以外にも、プランクトンをはじめとして生物の死骸や骨、貝殻の破片などの微細粒子がたくさん存在しており、それらの量の方が多く、それらにも化学物質が吸着していることは十分に考えられる。化学物質の吸着量、吸着物質の種類や能動的・相乗的な生体内への摂取メカニズムについて、MPに何らかの特異性が存在しているのなら、MPリスクを明らかにする必要がある。しかし、MPのベクター効果については、生物に対する全曝露量のうち何％がMP由来であるかを示した報告はまだないし、MPによって環境中化学物質の生物への取り込みが促進されている（相乗効果）という証拠も挙がっておらず、可能性ばかりが懸念されている。MPが海中の他の粒子と異なる特異性があるとすれば、MPから溶出する化学物質（可塑剤、重合剤、モノマーなど）の存在であり、それらの環境汚染、生物影響、蓄積について調査する必要がある。

▽研究の進捗は？

当初は化審法で採用されているＯＥＣＤの生物濃縮試験のガイドラインに従って試験しようとしたが、それは水に溶けている、または分散している化学物質が魚類のエラを介して体内に蓄積する程度を調べるための試験なので、水に溶けないＭＰやそれに付着した脂溶性物質に適用するためには、いくつか工夫が必要だった。まだまだ解決すべき問題が残っている。ちなみに化審法では、大きい高分子化合物の生物濃縮試験や生物毒性試験は必要とされていない。

▽ＭＰは脂溶性化学物質を吸着するというが

プラスチック（ＭＰを含む）が脂溶性物質を吸着するのはよく知られているが、吸着した物質が生体内に取り込まれてから、ＭＰから剥がれるかどうかについての知見は少ないので、その点に興味がある。海洋プラの主流とされるポリエチレン（ＰＥ）、ポリプロピレン（ＰＰ）、ポリスチレン（ＰＳ）などの素材について、化学物質の吸脱着の程度を調べようとしているが、ＭＰには標準品というものがないため、他と比較するためのデータを得ることが難しい。

ＭＰは粒子のサイズ、形状、表面形状によって吸着力が大きく変わってくることが予想され、また吸着という現象が分子間力で起きているのか、イオン結合しているのか、活性炭のような多孔質に吸着しているのか、素材の炭素二重結合や水酸基などの反応基が関係しているのか、アモルファス（非晶）部分と結晶部分が関与しているのか、など色々パターンがありすぎて困っている。ＭＰの表面は経年変化で可塑剤などが抜けて多孔質化するので、活性炭と同じようなはたらきをするのかもしれない。単純な水と油の分配係数から予測するモデルでは吸脱着量の計算ができないため、吸着実験にフィットする計算モデルを探しているところだ。

▽微細化について

ＭＰは５㎜以下のプラスチックとされているが、サイズの下限については明確な定義はない。ナノプラスチックというのは実験室内の概念であり、理論的には存在するが、環境中に存在するナノサイズの粒子を集め、それをプラスチックとして検出することは技術的に困難だ。いわゆるインフォメーション・ギャップ（情報の欠落）の一例だ。

▽東京湾や伊勢湾でも、ＭＰ濃度はそれほど高くない？

この点はそれほど注目されていないが、ＭＰの原因がプラスチック廃棄物であり、プラスチックがすべてＭＰに変化すると仮定すると、数十年前のプラスチックごみで直接海を埋め立てていた時代からの累積で、もっと多量に海洋中にＭＰが見つかっていないとつじつまが合わないのではないか。実際に、プラスチックが環境中でマイクロ化されているのか、マイクロ化に何年かかるのかが明確に証明されておらず、さらにＭＰ自体の存在時間（寿命）も分かっていないため、この方面の今後の研究結果が期待される。

▽微細化はどのように進むのか？

もし時間経過によって、環境中でプラスチックが微細化されてＭＰができていると仮定すると、理論的には、サイズの小さいＭＰの方が大きいものに比べて指数関数的に多く存在しているはずである。１㎜のＭＰは５㎜のＭＰよりも多く見つかっていなければならないが、現在のところそのように定量的な環境中存在比を示した報告はない。小さいサイズのＭＰはサンプリングが難しく、正確なデータが存在していないのが大きな理由と考えられるが、他にもサイズによって環境中の挙動が異なったり（小さいと早く拡散する?)、微細化したＭＰはさらに微細化速度が加速して、それほど長い環境中寿命を持たないために存在量が少ない、といった理由も考えられる。

また自然界に存在するＭＰの半分は天然由来の針葉樹の樹脂(松ヤニが固化したコハク)だという論文もある。海洋調査を行うとコハク(レジン)が採集され、人工の樹脂と見分けるのは難しい。

▽生体に吸収されて濃縮するのはＭＰより分子量の小さいもの?

化審法では分子量８００以上の物質は生体膜を通過せず体内に吸収されないとされているため、安全をみて１０００以上の物質は生態毒性試験を行わなくても良いことになっている。ＭＰは明らかに分子量１０００以上の物質であり、生態毒性は存在しないとみなされる。ただし、アスベストやナノ粒子のように、分子量が１０００を超えていても何らかの要因で生体内に取り込まれて毒性を示す可能性がある物質は今までも存在してきた。ベクター効果やＭＰから溶出してくる化学物質に関しての議論はさておき、化審法にとらわれずにＭＰ自体の毒性を考慮する必要はあるかもしれない。

▽ナノプラスチックに関しては？

ナノプラスチックは現在のところ環境中での科学的分析は不可能に近いが、理論上はすでに環境中に存在しているはずだ。だとすればナノ化したプラスチックの環境曝露はこの数十年間ですでに魚や人間に起きているはずで、今のところ影響は顕在化していないか、我々が気づいていないかのどちらかということになる。今春ＯＥＣＤからナノマテリアルの試験法に関するガイドラインが公表される予定なので、ナノプラスチックもそれに当てはめてリスク評価を行うことが可能になるだろう。

▽メダカにＭＰを食べさせる実験とは？

0.７㎜のマイクロビーズ（ＭＢ）を水槽に入れてメダカが食べるかどうか観察すると、透明なものは食べないとか、黄色いものは食べる、餌をまぶすと食べる、気に入らないと吐き出すなど、いろいろな反応があるため、再現性の高い試験を行うことが難しい。食べたＭＢは、早くて２時間、長いと10時間位でフンと一緒に排泄される。元々腸管で吸収されるサイズよりはるかに大きいので、当然の現象だ。胃を持たない魚類では、胃

第7章 マイクロプラスチック論争

酸による酸性溶出がないので、環境との pH の差によって、化学物質を海中で吸着し体内で都合よく溶出するという仮説は適切ではない。

▽さらに小さな微生物ではどうか

動物プランクトンのアルテミアや淡水に住むカイミジンコが実験でよく使われているが、これらの微生物は餌を食べると、次の餌を食べるまでの間に消化できた分だけを吸収する。ところが、プラスチック自体が消化されることはないので、消化管内にMPが存在する間に付着した化学物質がMPから外れて体内に移行するかどうかが問題だ。微生物の消化管は単純な構造で、pHなども環境とあまり状態が変わらず、MPから化学物質が外れる際にアミラーゼとかリパーゼのような消化酵素が関与することも考えにくいため、MPに安定的に吸着している化学物質が消化管内で短時間のうちに手早く外れるという状況が想定しにくい。ただし着脱の程度を明らかにすることは必要だと思う。

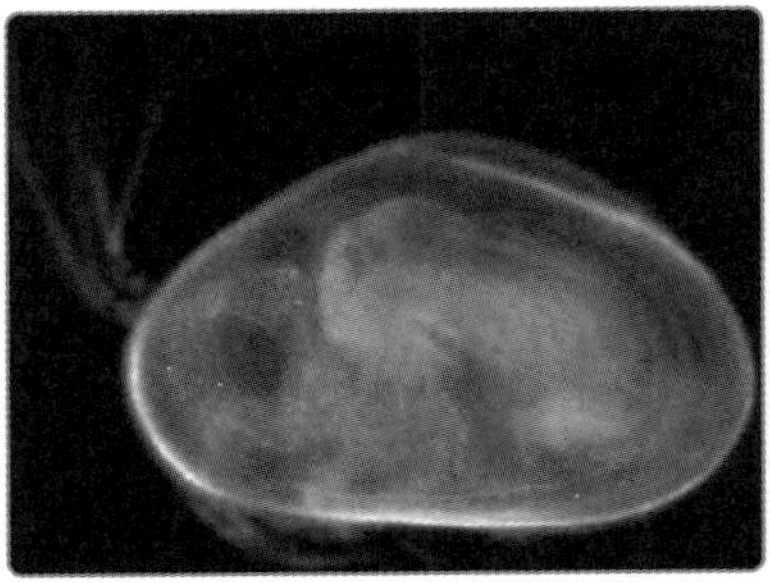

カイミジンコ
写真提供：ねこのしっぽラボ

▽魚類で生物濃縮を確認することは可能なのか？

これまで説明してきたとおり、ＭＰを介した化学物質の生物濃縮というストーリーがそもそも描きにくい。さらにプランクトンなどがＭＰをお腹一杯に食べている状況なら量的に懸念する必要もあるが、海水１トン当たりに数個という濃度のＭＰとプランクトンが出会う確率がまず非常に低い。まれにＭＰに出会い、それを食べたプランクトンだけを選んで大型魚類が食べているとは到底考えられない。大型魚もプランクトンと同時に摂取したＭＰは腸管から吸収されずに排泄されると思われる。ＭＰがプランクトンを介して魚類で生物濃縮される、という理屈は根拠がよくわからない。ただし、数ミクロン程度のＭＰに関しては腸管で吸収される可能性があるが、その証拠はまだ得られていない。

▽ＭＰの存在する密度が低いということか？

２０１６年に実施された東京湾のカタクチイワシを調査した結果では、捕獲した64個体中49個体（77％）からプラスチックが検出され、１個体あたりの平均検出数は２〜３個、最高検出数は15個だったが、１尾あたりでいうとＭＰは２粒程度に過ぎない。それを多いとみるか少ないとみるか議論はあるが、数時間で排泄されていくＭＰがたまたま消化管に残っていたのが検出数であり、体内に数時間しか留まらないＭＰから化学物質が移行して大型魚類やヒトの口に入って生物濃縮が起こり有害性を示す、というのは、現時点でのＭＰの検出量やＭＰへの化学物質の付着量を考慮すると、現実味が薄いと思われる。

▽貝類では生物濃縮は起きているのか

研究が盛んな牡蠣からＭＰが検出されたという報告があるが、同論文中のサンプルが採れた海洋の水中に存在するＭＰ濃度と相関しているため、濃縮というより取り込む確率を示しているに過ぎない。牡蠣に何百倍何千倍も蓄積している、という状態ではない。

▽生分解性プラスチックについては

生分解性プラスチックは難分解のポリマーを生分解性の高い物質でモザイク状につないでいるので、分解の過程でつなぎだけ先に分解して、難分解ポリマーがばらばらになり、それがＭＰの発生源となる。この場合、マクロプラスチックからマイクロプラスチックが発生する仮説と異なり、途中の大きさのプラスチックは発生せず、いきなり小さいＭＰが発生する。生分解性プラスチックはプラごみ対策としては有効であるが、ＭＰ削減対策としては有効ではない。

▽海外の研究状況は？

ゼブラフィッシュの肝臓にＭＰが蓄積したという海外の論文があったが、そもそもゼブラフィッシュに肝臓はない。このような信憑性の低い論文がいくつかあって、きちんと査読されないまま雑誌に掲載されることがある。

２０１８年10月に開催されたＩＣＣＡ（国際化学工業協会協議会）のＭＰワークショップ第１回に参加したときに、各国の学者の間ではＭＰの標準となる物質がないことが問題になった。ＭＰが１００個検出された、というときに５㎜のものなのか５㎛なのかで、意味合いが全然違ってくる。素材もポリエチレンなのかポリプロピレンなのか、また形状によっても有害性や環境の中挙動や化学物質の吸着性が大きく変わるので、素材、形状、測定方法、分析方法、サンプリング方法などをまず標準化しないと、論文間の比較もできない、という話に終始した。

自分の首を絞めるような話だが、その時ベクター効果の話になって、カナダや米国の研究者は「ベクター効果は仮説であって、化学物質の付着量や生物に取り込まれる量からリスクを考慮すると、環境中でのインパクトは低いので優先順位も低い」と言われた。ベクター効果は日本では関心が高いことを言うと、「そうなの？」と意外そうな反応だった。

日本の報道はスタートからベクター効果に関心が高かったが、海外の研究者はＭＰの数、量、重さ、形だとか、フタル酸やビスフェノールＡといった原料や可塑剤などの影響、本当に消化管から体内に移行しないのか、消化管を傷つけていないか、などＭＰ自体の物理化学的な影響をひとつひとつ解明しなければいけない、といったオーソドックスなアプローチに着目しており、冷静に判断しているなと感じた。

▽ビスフェノールＡは内分泌かく乱物質と言われるが

メダカでは数ppmの濃度で長期間曝露したら異常が現れる。ヒトが仮に一時的に摂取しても比較的速やかに代謝されるので、ＭＰを介して取り込まれる量からは現実のリスクはほとんど考えられない（ビスフェノールＡの日本における平均大気中濃度は２００３年で１０００分の１ppm以下）。

▽ＭＰ問題をまとめると

海洋生態毒性の面からＭＰを見ると、３つの影響が考えられるだろう。

一つは物理的要因で、ＭＰ自体が誤食などにより消化管を一杯にしてしまい栄養失調になるとか、エラ詰まりなどにより呼吸を困難にしてしまうなどの可能性がある。しかし海水中の有機物や動物の骨、金属などあらゆる微細粒子でも起こる可能性があり、これをＭＰ特有の問題とするには、もっと証拠となるデータを集めることが必要だ。

二つめは未反応のモノマーや可塑剤、触媒などがプラスチックから溶出し、環境や生物に影響する化学的要因の可能性だが、これはプラスチックそのものの海洋汚染問題であって、ＭＰだけがそこへ積極的に関与しているとは考えにくい。

最後にベクター効果だが、これはＭＰ特有と言えるがデータが少ない部分なので、自分としてはここを埋めていかなければならないと考えている。

▽ＭＰのリスクというのは現実にあるのか？

化学物質の環境影響は、有害物質があるかないかではなく、リスク（＝有害の程度×起こる確率）の大きさで評価すべきだ。毒性が低くても、それが起こる確率が高いとリスクは大きくなる。起こる確率は摂取量（濃度）に比例する。これはＩＣＣＡのＭＰワークショップでも各国の研究者が合意した点だ。中世スイスの錬金術師パラケルススは「全ての物質は毒であり、毒でない物質など存在しない。用量だけが毒と薬を区別する」といったが、量をきちんと把握しないとリスクは計れないということだ。

魚類における生物影響の研究を引き受ける段階から、リスクが小さいという結論が出る可能性があると考えていた。生物濃縮というのは、腸管から筋肉や脂肪に化学物質が移行して蓄積することから起こるので、消化管内にしか存在しない物質が生物濃縮することはありえない。それを大型魚類が捕食しても消化できずに排泄するだけだ。まず腸管から筋肉や脂肪にMPや化学物質が移行するかどうかを検証することが肝心である。ただしMPを介した移行が「起きていない」という証明は、「悪魔の証明」のような難しさがある。

▽海洋に流出するプラごみの問題については

MPの問題とは分けて考えるべきだ。一度環境に出てしまったごみは回収のコストがかかるので、出さないことが大事だ。海洋プラごみの汚染は発生源が中国だとか東南アジアだとか言われているが、日本からも流出していないわけではない。流出を減らすには、使い捨ての生活を改めることからだと考える。

ただしプラスチックによる衛生面の向上や軽量化によるエネルギー節約などに依存している現代では、プラスチックのない生活というのは絶対成り立たない。不必要な使い捨てのものを減らし、可能なものは代替品に切り替え、どうしてもプラスチックでなくてはならないものを有効に利用する、といった生活スタイルの見直しが必要だろう。

寄稿

東京農工大学農学部の高田重秀教授には、「マイクロプラスチック汚染の現状と対策」と題した原稿を寄稿いただいた。弊社では２０１８年の夏に、高田教授にマイクロプラスチック（ＭＰ）汚染に関するインタビューの機会を得たが、その後教授は日本政府の「プラスチック循環戦略」の諮問会議である環境省中央環境審議会の循環型社会部会に携わり、種々の論点について最新の見解を掲載したいというご希望から、当時のインタビューではなく、寄稿いただいた原稿を節見出しのみ追加して、そのまま掲載する。

東京農工大学
高田 重秀 教授

前出の鑪迫教授とは、ＭＰの生体毒性、生成過程、ベクター効果などについて異なる見解をお持ちのほか、地球温暖化対策を意識した長期的対応を考えると、プラスチックの熱回収は「将来的にはフェードアウトしていく技術」だという立場に立つ。

キーポイント

●ＭＰやＭＰに含まれる化学物質による野生生物や人への影響は現段階では観測されていないが、室内実験では魚貝類への影響は確認されている
●パリ協定により２０５０年以降は石油ベースのプラスチックを焼却することはできない
●石油ベースプラスチックの代替には紙や木などのバイオマスベースの素材が適切

『マイクロプラスチック汚染の現状と対策』

東京農工大学農学部環境資源科学科　高田重秀教授

▽海洋のプラスチック汚染とは

人類がプラスチックを大量に消費し始めた１９７０年代から、海洋のプラスチック汚染は始まり、プラスチックごみによる海鳥やウミガメなどの被害も報告されてきた。さらに、21世紀に入り、海洋プラスチック汚染は、二つの面で新たな展開を迎えた。一つは微細化の問題である。プラスチックは、環境中で紫外線等により壊れ、ＭＰと呼ばれ

る5㎜以下の微細なプラスチックになり、北極から南極、海岸から深海底まで海洋全体にプラスチック汚染が広がることが、明らかになってきた。

▽MP汚染のメカニズム

MPは、魚貝類が餌とするプランクトンと混在していることから、二枚貝、カニ、小魚などに取り込まれ、食物連鎖を通して生態系全体を汚染している。我々の東京湾のカタクチイワシやムール貝からのMPの検出もその一例である。もう一つの問題は、プラスチックごみが有害化学物質の運び屋になるという点である。プラスチック製品には何らかの添加剤が入っており、それらはMPにも残留している。さらに、プラスチックはその親油性により海水中で親油性の化学物質を吸着・濃縮する。それらの化学物質の中には、国際条約で規制されている残留性有機汚染物質（POPs）も含まれている。MPやそこに含まれる化学物質による野生生物や人への影響は現段階では観測されていないが、室内実験では魚貝類への影響は確認されている。

▽生態系への影響

プラスチックを介した海洋生物の化学汚染は確実に広がっており、少なくとも世界の海鳥の４割がプラスチック添加剤を蓄積している。海洋堆積物の測定から、ＭＰによる海洋環境の汚染が深刻化している事実が明らかになってきており、世界の海へのプラスチックの流入量は、何も手を打たなければ今後20年で10倍になるという予測もある。プラスチックは分解性が極めて低いため、一旦海洋に流入すると海に長期間残留する。さらに、微細化しプランクトンと混在するＭＰだけを回収することも不可能である。影響が分かってから海への流入を止めても手遅れになる可能性があるため、諸外国では予防原則的な立場から対策が講じられ始めている。

▽プラスチック汚染対策の国際動向

21世紀に入り、プラスチックによる海洋汚染に関する学術研究は活発に行われ、研究成果の報告も２０１０年以降急増し、国連の海洋汚染専門家会議（ＧＥＳＡＭＰ）による評価書も２０１４年および２０１６年にまとめられた。これらの学術的な根拠を背景に、２０１６年６月には、国連本部で第17回「海洋及び海洋法に関する国連総会非公式協議プロセス」が、「海洋ごみ，プラスチック及びマイクロプラスチック」というテーマで開催され、海洋プラスチック汚染を気候変動、海洋酸性化、生物多様性と並んで最も重要な地球規模環境問題と位置づけ、対策も含めて議論が行われた。２０１７年６月には国連環境計画の本部のあるナイロビに研究者や各国からの代表が集まり、ＭＰ国際条約についての議論も始まった。

さらに、２０１７年６月にニューヨークの国連本部で、海洋会議（オーシャン カンファレンス）が開催された。海洋会議は国連が定める17の持続可能な開発目標（ＳＤＧｓ）の中の14番目の目標「持続可能な開発のために海洋資源を保全し、持続的に利用する」を促進するための国際会議である。マイクロプラスチック、海洋プラスチック汚染が海洋の持続的利用を阻害する大きな要因であり、海洋プラスチック汚染への対策を実行すべきであると呼びかけられた。

▽海洋プラスチック汚染の解決方法は

海洋プラスチック汚染の解決には複数の解決策を組み合わせる必要がある。基本は、廃棄物管理の徹底と３Ｒ（削減、再使用、リサイクル）の促進である。具体的には、ごみの回収・分別の徹底とそのためのシステム構築と意識啓発、再使用とリサイクルの促進とそれを意識した製品デザインの改良、紙や木などのバイオマス素材の利用促進、生分解性かつバイオマスベースのプラスチックの開発と普及、海岸清掃活動の活性化と環境啓発活動の推進などである。再使用、リサイクルにもエネルギーがかかることから、使い捨てプラスチックの削減を基本に据えるべきである。国連海洋会議で採択された行動提起の中でも、レジ袋等の使い捨てプラスチックの削減がうたわれた。

▽石油ベースのプラスチックは焼却処理すべきでない

海洋へのプラスチックの流入量を減らすだけであれば、ごみの回収を徹底し、集めたプラスチックを焼却処分すればよいという主張もあるが、それはＳＤＧｓ全体をみない近視眼的で誤った主張だ。現状では使い捨てプラスチックの多くが石油ベースのプラスチックである。石油ベースのプラスチックは焼却処理すればエネルギーを回収したとしても、温暖化ガスの実質的な発生につながり、ＳＤＧｓの13番目の目標「温暖化の抑制」やパリ協定にも合致しない。パリ協定では21世紀後半には、実質的な温室効果ガスの放出をゼロにすることがうたわれている。すなわち、２０５０年以降は石油ベースのプラスチックは焼却することはできない。

▽エネルギー回収（熱回収）に関して

日本ではプラごみ焼却発電等でプラごみを焼却してエネルギー回収すれば良いということで、使い捨てプラスチックの大量消費が野放しになってきた。プラごみ焼却発電は火力発電と同様、将来的にはフェードアウトしていく技術である。二酸化炭素は一次生産者に取りこまれ生物に固定される部分もあるが、生物の死骸が地殻中での熟成作用を経て再び石油ができるまでには、数百万年から数千万年かかるので、石油からプラスチックを合成した段階で炭素の循環は切れてしまう。石油ベースのプラスチックが循環型でないことは明白である。石油業界のこれまでの言い分は、「プラスチックの原料のナフサはガソリンや重油を精製する際の産物で、それを有効に利用しているのがプラスチックであり、プラスチックだけを減らすことはできない」というものであった。しかし、脱炭素化で、ガソリンや重油も使えない時代があと30年ほどで来ると、ナフサのためだけに石油を精製することもできず、結局は石油ベースのプラスチックは他の素材に変えざるをえない(※)。現在ヨーロッパ中心に進行している脱プラスチックの流れは、社会の中に根深く広く浸透してしまった石油ベースのプラスチックが素材として否定され、削減と代替を２０５０年までに図らなければ、社会経済が成り立たなくなるような大きな問題である。ヨーロッパはそこに気づき、本気で取り組んでいる。日本も石油ベースのプラスチックは時代遅れな素材という認識で、本質的な転換を図るべきである。

▽焼却処理設備の環境負荷

さらに、ごみの焼却によってダイオキシン等の有害化学物質が発生する場合があるので、高温でごみを燃やし発生する有害物質を除去するトラップを何層も装備した巨大な焼却炉を建設する必要がある。高性能な焼却炉の建設には多額の費用がかかる。例えば、

※プラスチックは一般的に、原油を熱分解したナフサが出発原料となる

人口数十万人の都市の焼却炉の建設に100億円程度かかり、その寿命も30年程度である。跡地には重金属等の有害化学物質が高濃度に蓄積しており、廃炉にするための費用も膨大である。さらにダイオキシンが発生しないようにするには高温での焼却が必要となるが、高温でものを燃やせば必ず、窒素酸化物が発生する。ダイオキシンと窒素酸化物の発生はトレードオフの関係にあり、どちらかを減らせばもう一方が増える。燃焼により発生した窒素化合物は最終的に生態系へ負荷され、過剰な窒素負荷となり、水域の富栄養化、地下水の硝酸塩汚染などの遠因となる。

▽海洋プラスチック憲章でのエネルギー回収の位置づけ

プラスチックの焼却は持続的な対策ではないために、2018年6月の先進7カ国首脳会議（G7サミット）で、採択された海洋プラスチック憲章の中でもエネルギー回収は最後の手段と位置づけられている。憲章にはプラスチックごみによる環境汚染と温室効果ガスの放出を抑えるため、使い捨てプラスチックの使用削減、プラスチックの再使用・リサイクルの促進などを進め、2030年までに全てのプラスチックを再使用、リサイクル、エネルギー回収を可能にするといった数値目標が盛り込まれた。日本政府は海洋プラスチック憲章への署名を拒否したが、その理由は、国内での条件が整っていない、とのことだ。しかし、上述のように、使い捨てプラスチック削減は、１年前の国連海洋会議等でも提案されており、時間が無かったというのは言い訳に過ぎない。

背景にあるより大きな問題は、日本ではプラごみの半分以上を「サーマルリサイクル」と称して焼却処理し、使い捨てプラスチックの大量消費が野放しとなっていることだ。日本では単純焼却も含めれば７割近いプラスチックが焼却され、結果的に温暖化を進めてしまっている。海洋プラスチック憲章は、まずは使い捨てプラスチックの使用自体を極力減らし、それでも発生するプラごみは再利用、さらにリサイクルし、最後の手段として燃やしてエネルギー回収するとの考えだ。日本は燃やすことが最優先になっているので、署名できなかったと考えられる。プラごみ焼却を優先する仕組み自体を変える必要がある。

一方、使い捨てプラスチックの大量消費をそのままにし、大量リサイクルすればよいということでは問題は解決しない。リサイクルにも手間とエネルギー、コストがかかるからである。例えば、ペットボトルのリサイクルの収集・運搬だけで日本全体で年間250億円かかっている。さらに、汚れたプラスチック廃棄物をリサイクルする際には、その洗浄等で環境汚染が発生する。

▽先進国から中国へのプラごみ輸出

日本では、国内でのリサイクルキャパシティーが不足していることもあり、2017年まで国内発生するプラごみの15%程度（150万トン）を中国に輸出していた。中国でリサイクルされていたのであるが、リサイクルに伴う環境汚染も危惧して、中国は2018年1月から他国のプラごみの受入を取り止めた。ヨーロッパ諸国も同様に中国へのプラスチックの輸出が行えなくなり、自国での処理キャパシティーも足りないので、プラごみの発生抑制を促進した。その表れが、2018年5月の欧州委員会の使い捨てプラスチックの規制案である。

一方、日本は東南アジアへの輸出にシフトしたが、東南アジア諸国も受け入れを拒否し始め、輸出できない廃プラスチックが日本国内で焼却されており、温暖化の視点からは大いに問題である。まずは、日本国内でのプラスチックの使用削減が必要だ。日本は国内でのプラスチック処理容量が足りないのであれば、まずは使用を削減することが優先されるべき。中国に断られたので、東南アジアにプラごみ処理を押しつけるということは国際的に信頼の得られる対応ではない。G20やオリンピックで日本のイニシアティブを発揮したいのであれば、まずは東南アジアへのプラごみ輸出を止めるという宣言を自ら進んで出すことと、輸出を止めて処理できないプラごみを減らすために、使い捨てプラスチックの削減を行うことが第一である。

▽プラスチック添加剤の問題

リサイクルを過信することにはさらなる問題点がある。例えば、ポリマーのリサイクルに伴い添加剤もリサイクルされ、有害な添加剤がリサイクルされた製品から検出される場合がある。牡蠣の養殖用の発泡スチロール製の浮きから、有害な臭素系難燃剤が検出された事例が韓国で報告されている。建築資材に使われた発泡スチロールに含まれていた難燃剤がリサイクルして作った浮きに含まれていた。有害な添加剤のリサイクル製品への混入には留意する必要がある。

また、リサイクルしてできた製品自体がMP汚染を引き起こす問題もある。例えば、ペットボトルのリサイクルによりポリエステル製のTシャツを作る取り組みもあるが、ポリエステル製のTシャツの洗濯に伴い繊維状のマイクロプラスチックが発生し、水環境を汚染する。リサイクルしたプラスチックの用途もよく考える必要がある。近年、ボトルtoボトル（食品用の使用済みペットボトルをリサイクルし、新たな食品用ペットボトルに再利用すること）が実用化してきた。しかし、異物除去のためのアルカリ洗浄の過程で2割程度のポリマーが分解されるため、その分の新しい樹脂の合成が必要になり、完全に閉じたリサイクル過程でない点にも留意する必要がある。

▽リサイクルのための集積は災害時の流出も懸念される

また、リサイクルはシステムが正常に稼働している間は一見うまく回っているようにみえる。しかし、災害時や復旧の間はリサイクルも止まってしまい、リサイクルされないものが環境へ出てしまう可能性が大きい。実際に、東日本大震災時の漂流がれきの中にペットボトル等、通常はリサイクルされているプラスチックが多数見られた。また、豪雨による水害時にもペットボトル等が大量に流出することを目にする。リサイクル用の運搬中、一時保管中のペットボトル等のプラスチックが災害時に流出したものがそれらのプラスチックの発生源となっていることも考えられる。災害時は他の対策の方が優先順位が高いので、災害時にプラスチックの流出を止めることは不可能。リサイクルを過信してはいけない。使ってしまった以上リサイクルすることは必要だが、まずはプラスチックを減らしていくことが必須である。

▽プラスチックの代替策

プラスチックの削減を進めていくには代替策も考える必要がある。紙や木などのバイオマスベースの素材を利用することは、パリ協定にも沿うもので、海洋汚染低減につながる。紙や木の素材であれば、仮にごみとなって海に出ても、いずれは分解されるし、有害な化学物質を吸着することも少ないと考えられる。紙や木などのバイオマスベース素材の利用促進は、海洋プラスチック汚染の重要な切り札である。セルロースナノファイバーなどの紙や木の高度利用の技術開発が必要だ。

プラスチックの重要な性質の一つは防水性である。プラスチックは防水性を分子レベルでの疎水性により得ている。しかし、疎水性に依存する限りは、廃棄物が水域に出た場合にはＰＯＰｓを吸着し、その生態系内での運び屋になることは不可避だ。防水性を分子の疎水性から得るという発想から、セルロースナノファイバーのように分子を密に並べることにより、防水性を得るという考え方へのパラダイムシフトは重要であろう。もちろん、防水性や柔軟性を向上させる技術革新が求められる。同時に、用途に応じた防水性の程度の選択とそれに適合するセルロースナノファイバー等の新素材の利用を促進することもスマートな対策である。また、性能を維持するために有害な添加剤を配合しないように注意する必要は強調しておきたい。

▽生分解性プラスチックは有効か

生分解性プラスチックについては、２０１５年12月に国連環境計画が「生分解性プラスチックは海洋プラスチック汚染の唯一の解決策とはならない」という声明を出している。その理由は、分解に資する微生物は土壌中に多く存在する微生物で、海洋環境中では微生物密度が低く、分解に時間がかかるということが大きな理由。例えば、我々も東京湾の海底の泥の中に代表的な生分解プラスチックの一種ポリカプロラクトンを検出した。生分解性プラスチックが好気条件での試験系では分解されても、実際の環境中には嫌気的な部分もあり、そこに残留してしまうというためと考えられる。現場の条件は室内実験とは異なる点に留意する必要がある。

生分解性プラスチックが唯一の対策にならないもう一つの理由は、３Ｒの意識の低下を招くというものである。生分解プラスチックだからと、川や海に捨てるのではなく、閉鎖的な環境で分解することが重要だ。食品包装には紙や木の利用も促進して、リサイクルできないプラスチックは極力減らし、それでも減らせないプラスチックについては石油ベースのプラスチックからバイオマスベースかつ生分解性のプラスチックに置き換え、それらを食品残渣と共にコンポスト化して、農地還元するということが一つの解決策であると考えられる。コンポスト化の促進は、栄養塩の循環を通して、地下水の硝酸塩汚染、閉鎖性水域の富栄養化・赤潮・青潮の低減にもつながる。別な言い方をすると、非循環型のプラスチックは栄養塩の循環を阻害しているので、ごみにプラスチックが入らないようにすることで、循環が促進される。

▽紙とプラスチックなどの複合素材の問題点

海洋プラスチック汚染の観点から、生分解性プラスチックと石油ベースの汎用プラスチックの混合や紙や木と石油ベースの汎用プラスチックの複合素材は、温暖化対策として効果があるが、ＭＰ対策としては効果がないどころか、汚染を助長する。生分解性の部分が水環境中で優先的に分解し、石油ベースの汎用プラスチックがぼろぼろになって残り、ＭＰ汚染を助長する。例えば、カップ麺の容器の多くは紙とプラスチックが層状に張り合わされて作られている。これが川ごみ、海ごみとなった場合は紙の層が分解して、プラスチックの層が残る。リサイクルにとっても複合素材は問題である。通常リサイクルは素材ごとに分けてから行われるので、素材に分けることが困難な複合素材のプラスチックは焼却されることになる。リサイクルできずに焼却されるプラスチックを減らすためにも複合素材は単一素材へ切り替えるべきである。

一方、複合素材は食べ物の鮮度を保ち、フードロスを少なくする、つまりＳＤＧｓの目標２「飢餓の撲滅」に貢献するとの主張もある。しかし、フードロスを考えるのであれば、生鮮食料品の長距離輸送や販売方式も含めて食品の供給・流通システム全体を考える必要がある。地産地消で食料品の輸送距離を短くすれば包装自体を減らすことも可能。量り売りや水分を含まない素材自体の販売を優先させることなど、フードロスもプラスチック包装も共に減らすことが可能な方法は考えられる。フードロス削減のために複合素材の多用という発想は安直すぎる。システム全体を考えるべきである。

▽現状どのような対策が可能か

これまで述べたように、プラスチック廃棄物への対応としては、複数の対策を組み合わせて対応していくことが必要。プラごみ焼却発電、リサイクルの問題点を指摘したが、これは将来的な方向として、どれか一つの対策に依存することの問題点の指摘である。削減が第一だが、現在発生している石油ベースのプラスチック廃棄物は処理しなければならない。汚れていないプラスチック廃棄物についてはリサイクルし、汚れたプラスチック廃棄物については焼却してエネルギー回収というのが当座の現実的な選択肢であろう。しかし将来的には、削減が基本で、それでも残るプラスチックについてはバイオマスベースの生分解性プラスチックへの置換えを進めていく必要がある。将来的な対策として、プラごみ焼却発電を推奨するものでは決してない。

▽社会全体として取り組むべき課題

レジ袋の有料化等の規制、マイボトル用の給水器の公共施設への設置、量り売りの促進、個包装や過剰包装の自粛、複合素材から単一素材への切り替え、食品包装用プラスチックのバイオプラスチックへの置換え、生分解プラスチック廃棄物の収集・コンポスト化システムの構築等、行政や業界が取り組まなければ進まない対策は多い。企業の取り組みも1企業だけでは難しい部分も多く、業界全体での取り組みやそれを先導する行政的施策が必要である。行政機関と企業の積極的な参画が期待される。世界的に、使い捨てプラスチックの使用禁止等の削減が進んできた。日本でも、削減のための行政的な取り組みが必要だ。最低限、政府が「レジ袋」、「ペットボトル」、「ストロー」、「使い捨て弁当箱」等の使い捨てプラスチックは環境負荷が高いので、使用を削減すべきであるという考え方や指針の表明を行うべきである。

Q&A

Q マイクロプラスチック（ＭＰ）、マイクロビーズとは？

Ⓐ ＭＰに関して公式に決められた定義はなく、概ね直径５㎜以下のプラスチックに使われる呼称です。ペレットなど元から５㎜以下のものを一次的ＭＰ、劣化などで後から５㎜以下の欠片になったものを二次的ＭＰと呼ぶこともあります。サイズの下限について明確な定義はなく、ナノメートル（１００万分の１㎜）単位で表されるサイズのＭＰはナノプラスチックともいわれます。ただし、ナノプラスチックは理論的には存在するものの、自然環境中に存在するナノサイズの粒子を集めてプラスチックとして検出することは技術的に困難です。マイクロビーズは、洗顔料に含まれるスクラブ剤や化粧品（ファンデーション）など、もともと粒状態で使うことを目的として生産された粒子状のプラスチックです。排水を介して海洋へ流出することが問題視され、世界的に製造・販売の禁止が進み、日本でも日本化粧品工業連合会の呼び掛けで自主規制に動いています。

第8章

国際社会への働きかけ

第８章　国際社会への働きかけ

ここまで、たびたび登場してきたジェナ・ジャンベック博士の海洋プラごみ排出量推計では、中国、インドネシア、フィリピン、ベトナムの上位４カ国合計で最大６３０万トン、日本からの排出は最大６万トンとされる。経済発展を遂げながら廃棄物処理システムが整っていないアジア諸国からの流出が先進国よりも相当に多いだろうということは容易に想像がつく。

日本のように廃棄物がほぼ管理されている国で最後の１％をゼロにする努力よりも、管理が不完全な地域の管理レベルを向上させる方が大きな効果を挙げられる。地球規模の効率性の観点から、企業が国際基金を創設し、国境を越えて環境投資を行おうという動きが相次いでいる。途上国に、先進国レベルの廃棄物管理システムをゼロから導入していくには、多額の設備投資と運営体制、そして廃棄物処理設備の維持管理費用が必要だ。システム導入に当たっては、対象国の国情や経済力に見合った施策を柔軟に選択する必要があるだろう。

▼世界の化学関連企業がアライアンス創設

世界規模での問題解決を目指す国際アライアンスとして、2019年1月16日に「AEPW」が立ち上がった。これには、製造や販売、プロセス、回収、リサイクルを行う企業のほか、消費財メーカー、リテーラー、コンバーター、廃棄物管理会社など、プラスチックのバリューチェーン全てに関わる企業（初期メンバーとして計28社）が参画。海洋プラごみ問題解決に向けて「インフラ開発」や「イノベーション」、「教育・啓蒙活動」、「清掃活動」の4つをメインに、今後5年間で15億ドルを投じていく方針で、国内の大手化学メーカーも複数社

■AEPWの参画企業一覧

1	BASF（独）	15	ノバケミカルズ（カナダ）
2	ベリー・グローバル（米国）	16	オキシケム（米国）
3	ブラスケム（ブラジル）	17	ポリワン（米国）
4	シェブロン・フィリップス・ケミカル（米国）	18	P&G（米国）
5	クラリアント（スイス）	19	リライアンス（インド）
6	コベストロ（独）	20	SABIC（サウジアラビア）
7	ダウ（米国）	21	サソール（南アフリカ共和国）
8	DSM（蘭）	22	スエズ・エンバイロメント（仏）
9	エクソンモービル（米国）	23	シェル（英・蘭）
10	フォルモサ・プラスチックス（台湾）	24	SCGケミカルズ（タイ）
11	ヘンケル（独）	25	住友化学（日）
12	ライオンデルバセル（蘭）	26	トタル（仏）
13	三菱ケミカルHD（日）	27	ヴェオリア（仏）
14	三井化学（日）	28	ベルサリス（伊）

が参画している。ＪａＩＭＥの会長でもある三井化学の淡輪敏社長は同アライアンスへの参画に当たり、「プラスチック廃棄物管理では、いかに回収し、処理するかが最大の課題。日本の化学産業はこれまでも３Ｒへ取り組んでおり、このプラスチック廃棄物管理手法は、課題解決に貢献しうる一つのモデルになる。化学産業が率先して取り組み、日本企業が蓄積した知見を世界に情報発信していくべきだ」と決意を述べた。また、ＡＥＰＷの会長であるプロクター＆ギャンブルのデビッド・テイラーＣＥＯ兼社長は、「このアライアンスは歴史上で最も包括的な取り組みだ。海洋プラごみ問題は、複雑かつ深刻な世界規模の課題であり、これに立ち向かうには迅速な行動と強力なリーダーシップが必要だ」とその意義を強調した。

▼使い捨てプラスチックに関わる５つのファクト

ＡＥＰＷでは、「使い捨てプラスチックに関わる５つのファクト（事実）」に基づいて活動計画が作られることになる。そのファクトとは、

①海洋プラスチックの９割が10本の河川を経由して流出している

②その8割が陸上で使用された

③さらにその半数は、僅か5カ国が発生源となっている

④管理されていない使い捨てプラスチックの発生源と解決に繋がる重要な側面は、研究によって明らかになっている

⑤現在使われているプラスチック包装材や消費財を他素材で代替すると、環境コストが4倍に跳ね上がる可能性がある

―という5つで、その目線は途上国に向けられている。参画企業であるBASFのマーティン・ブルーダーミュラーCTOは、「海洋プラごみは、アジアやアフリカを中心とした世界で10本の主要河川を源流としている。そして河川の多くが、適切な廃棄物収集やリサイクルのインフラが整備されていない人口密集地を流れ、大量の廃棄物の漏出につながっていることから、最も必要とされる場所で活動を行うことが重要だ」と、AEPWの役割に言及した。同アライアンスで設定した15億ドルという巨額の資金は今後、廃棄物処理システムが整っていない国々への投資に大半を充てていくことになる。

▼20年間の処理コスト試算〜ごみ処理発電による熱回収は２６４０億円

では、投資コストはどの程度を見積もっておけば良いのだろうか。いずれも日本が基準にはなるが、熱回収、埋立処分、リサイクルの３点について、参考値として試算してみた。

まず廃棄物資源循環学会の試算をもとに、日本におけるごみ処理発電のコストを見てみると、年間処理量８万４０００トン（日量３００トンの設備を２８０日運転）のごみ処理設備１基の建設に１５０億円、維持管理に年間６億５０００万円（うち人件費が２億４５００万円）がかかる。仮に２３６０万kW時の余剰発電量について１kW時＝13円で電力買取を行う場合、売電収入が年間３億円なので、差し引き３億５０００万円の維持管理費となる。すなわち１基あたりの設備投資は１５０億円、20年間の維持管理は70億円ということになる。

しかし、熱量が高すぎてプラごみを全量燃やすことはできないので、50％燃やすとして、プラごみを年間50万トン処理するためには、同規模の設備が12基必要となり、１８００億円の設備投資と、20年間で８４０億円の維持管理費、合わせて２６４０億円が必要だ。さらに７２０億円の電力買取費用は社会負担となる。

▼埋立処分では20年間で１５００～２５００億円と５６０haの用地が必要

埋め立てについてはどうだろうか。２０１０年の論文によれば、日本国内における埋め立て処分場の建設コストは、10万㎥規模の処分場建設費でトン当たり１万５０００円～２万５０００円とされている。

10万㎥の処分場には０・35トン／㎥（環境省通知の換算値）のプラごみが３万５０００トン入るので、年間50万トンのプラごみを埋め立てるとすると10万㎥の処分場が14基必要となる。従って、単純計算でプラごみ50万トンの埋め立て処分場の建設には75～１２５億円必要だ。合わせると20年で１５００～２５００億円かかる（ただし、用地の取得費用は含まず）。また、10万㎥の処分場面積を２万㎡（２ha）とすると、20年間で５６０万㎥（５６０ha）の用地取得が必要となる。

▼リサイクルコストは20年間で５０００億円

日本では、分別された廃棄プラスチックを１トン当たり５万円程度の費用を払ってリサイクルしている。これをもとにプラごみ年間50万トンのリサイクル費用を概算すると

２５０億円、20年間続けると総費用は５０００億円となる。リサイクルには、ごみ処理発電、埋め立ての２倍のコストがかかるということだ。

▼資金は不足～国情に合わせ多様な管理体制構築の必要性

この試算を元に考えると、途上国に対し、一足飛びに先進国レベルの廃棄物管理を導入するのはハードルが高いことが分かる。あらためてＡＥＰＷの５年間の活動資金15億ドル（１ドル＝１１０円で１６５０億円）に目を向けると、廃棄物処理インフラの整備にはとても足りない規模である。勿論日本と海外で、初期費用、変動費ともに差はあるだろうが、単純に必要額をスライドしてみると、例えばごみ発電で50万トンの処理能力を整備するだけで資金を使い切ってしまう。

ＡＥＰＷの副会長であるヴェオリア・エンバイロメントのアントワーヌ・フレローＣＥＯも、「われわれの取り組みを成功させるには、多分野にわたる企業や組織とのコラボレーションと努力が必要で、長期的で多額の投資も必要となる。単一の国家、単一の企業や組織だけでは解決し得ない問題だ」と語っており、真に問題解決を図っていくためには大規模な枠組みが必要であることに言及。活動の難しさの一端も窺える。

砂漠など非居住地が広大な国では、埋め立ての方が断然ローコストで済むだろうし、人件費や土地が高い国では、用地確保が一度で済むごみ処理発電の導入が有利。廃棄物処理も国情に合わせて柔軟に選択する姿勢が必要だ。Ｇ20で示されるであろう世界共通の解決目標の最初のターゲットとなる時期は、遅くとも10年後の２０３０年に設定されるだろうが、ＡＥＰＷのような一つのアライアンスの枠組みだけでは解決は難しいかもしれない。一層大規模かつ効果的な対策を模索していく必要がありそうだ。

インタビュー

◇日本財団〜ごみを海に出さないという方向へ人々のマインドセット変革を

２０１８年には全国７０００団体、１５０万人以上を動員した「海と日本」プロジェクトをはじめ、数多くの海洋関係プロジェクトを実行してきた日本財団は、プラスチックを含む海洋ごみ問題に関しても独自の視点と実行力で活動を進める。日本政府による海洋プラスチック憲章への署名拒否以降、海洋に関する国際交流の場面で環境について話が及ぶと「日本は何もしていないのか？」という反応もあり、世界に対する日本の立ち位置に危機感を感じたという。ドラスチックな規制論や机上の環境議論に走らず、正面から人々のマインドセット変革を促そうという活動姿勢には、大いに共感を覚える。海洋ごみ対策のオールジャパン運動「チェンジ・フォー・ザ・ブルー」を手がける海野光行常務理事に話を聞いた。

日本財団
海野 光行 常務理事

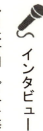

インタビューのキーポイント

- ごみを海に出さない、という方向へ人々のマインドセットを変えていく
- 大阪G20へ向け、環境省との「海ごみゼロ」キャンペーンを実施
- 経済が発展し、リサイクル体制が未整備な東南アジアや島嶼国への働きかけを重視する

▽チェンジ・フォー・ザ・ブルー立ち上げの経緯は？

国際交流の場面で、プラスチックを含む海洋ごみに関して「日本は何もしていないんだよね？」という感じのことを言われることが多くなってきて、やはりG7で日本政府による海洋プラスチック憲章の署名拒否だけがクローズアップされ、そのイメージだけが残っている印象を受けた。日本は実際にはリサイクル率も高いことなどを説明するが、一度ついたイメージを払拭するのはなかなか難しい。政府の方針が叩かれるならまだしも、国民も叩かれているような状況になって来たので、これはまずい、何か動かなければと感じた。大阪G20はアピールの機会になるだろう。環境省とも大阪G20へ向けて共同事業の話をしている。

▽どういうアピールを

日本がこれまでやってきた地道な取り組みについて説明しても印象が弱いので、分かりやすいキャンペーンの中で国民の取り組みから好事例を発信し、アピールしていくことが必要だ。５月30日（ごみゼロの日、１９８２年に関東地方から始まった美化運動の日に由来）に国民総出でごみ拾いをやるような国は世界に日本だけで、こんな国はどこにもない。そういったことを取り上げ、国民はしっかりやっているということをアピールしていくのが大事だ。

▽オールジャパンという発想は？

自治体や企業が参加する色々な勉強会をやる中で、この問題に対して、どうしたらいいか分からない、プラスチック製ストロー禁止以外に何をすればいいのか、といった声が多く聞かれた。そこでオールジャパンで取り組む状況になるように、国民の多くのセクターが関わるようなキャンペーンを作って、皆さんに参加してもらえるようにしよう、ということでスタートした。

▽ストローやMPを活動の中心にしない理由は？

半年前、始めた当初はストローやマイクロプラスチック（ＭＰ）の話が大変だと、報道でも随分と取り上げられていた。ストローは特に象徴的な動きだが、プラスチック全体で見れば量はごく少ない。また、海洋環境の視点でいうと、しっかりと効果の検証ができないストローの取り組みへの賛同は難しいと感じていた。流行の話題をターゲットにするのではなく、海の大切さを分かってもらえるような本質的なプロジェクトにしようと考え、「海洋ごみ対策」を中心に、その中の重要課題としてプラスチック等を含む構造にした。そんなに長い時間はかけられないため、３年間、集中的に活動して一般市民のマインドセットを変えていく、市民や企業と一緒になって持続可能な取り組みを進めていく、という狙いで活動を始める。３年の間に大阪Ｇ20もあり、各種の海洋国際会議もあり、東京オリンピック・パラリンピックもあり、世界にアピールするには最適なタイミングだ。

▽環境省との共同事業については

海洋ごみ対策のため「海ごみゼロウィーク」「海ごみゼロアワード」「海ごみゼロ国際

シンポジウム」という３つの共同プロジェクトを環境省と共同で実施する。「海ごみゼロウィーク」では、５月30日（ごみゼロの日）から６月５日（環境の日）、６月８日（世界環境デー）前後の期間に、全国の個人・団体・企業・自治体の協力を得ながら、ごみ拾い活動、ごみの調査分析、普及啓発活動を含めた全国一斉の清掃活動を、２０１９年から３年間実施する。「海と日本」プロジェクトでは昨年全国７０００団体、１５０万人以上を動員したが、「海ごみゼロウィーク」では年間80万人、３年間で２４０万人の動員を目指す。参加者には青い色のアイテムを身に着けてもらい、日本財団と環境省はオリジナルごみ袋の提供や取材・撮影などのサポートを行う。３月上旬にＷＥＢサイト（海ごみゼロウィーク～https://uminohi.jp/umigomi/zeroweek/）を立ち上げ、個人・団体・企業・自治体へ広く呼びかけている。

「海ごみゼロアワード」では、海洋ごみ対策の事例をアクション、イノベーション、アイデアの３部門について募集。優良事例を選定し、次の国際シンポジウムで表彰する。「海ごみゼロ国際シンポジウム」は６月中旬に虎ノ門の笹川平和財団ビル国際会議場で開催し、学術関係者等による海洋ごみ汚染の現状報告、海ごみゼロアワードの表彰式、日本および世界の取り組み紹介など国際社会に向けた情報発信を行う予定だ。

▽ＭＰ問題についての取り組みは？

何事においても科学的根拠は大切だ。プラスチックの生物・人体への影響やプラスチックの動きのメカニズムについて、国際的な枠組みではワシントン大学やハーバード大学等のチーム、国内では東京大学等が参画する検証がこれから始まるが、日本財団も協力して推進していく。

▽海洋プラごみ対策を始めたきっかけは？

背景として子供の「海離れ」がある。昔は臨海学校が盛んだったが、以前の調査では海の体験学習に取り組む学校は17％以下になっており、現在では10％くらいに減っているだろう。それは津波への恐怖心とか、安全管理など時代的な変化もあるが、その影響で海に携わる人間もどんどん減ってきており、海洋国家日本にとって危機的な状況だ。子供のころの海の原体験を提供していこうということで、「海と日本プロジェクト」が始まった。その中でも生き物の多様性や魚の話よりも子供が興味を示すのは、ごみの話だった。ごみは自分の家にもあるものだし、学校でも分別について学習する。一番身近な問題なので、どこへ行っても関心を集める。そして子供が家に帰って学んだことを話すことで、親も感化される。そういった背景も後押しになった。

▽スタジアム清掃もロシアW杯で海外の賞賛を受けた

国内のスタジアム清掃活動は、プロ野球では千葉ロッテマリーンズ、Jリーグでは湘南ベルマーレが最初に始めて、セレッソ大阪、ヴァンフォーレ甲府、横浜F・マリノスなど多くのチームが参加している。試合が終わった後、お子さんや親御さんを中心に観客に残ってもらい、30分間、スタジアム周辺やスタンド、地域の清掃を行う。サッカーワールドカップの影響で、日本のサポーターにとってスタジアム清掃はもはや馴染みの深い活動だ。

▽環境美化の活動を行っているNPO・NGOとの協力は

神奈川県や湘南地域一体と一緒に活動している「かながわ海岸美化財団」やNPOの「海さくら」等とはサポートプログラムの中で色々とやっていく。

国際的なNPO・NGOとの協力については、この問題に真摯に取り組んでいる団体を見定めて付き合っており、先日ワシントンでＷＷＦから話を聞いてきた。ＷＷＦの評議員と会い、国際的な動きについて情報交換していこうということになっている。

他にＧＬＩＳＰＡという、太平洋だけでなくカリブ海やアフリカ、インド洋などすべての島嶼国（とうしょこく）の組織連合体があり、地球環境の変化に影響を受けやすいなど島嶼国特有の課題を共有している。東南アジアに廃棄物管理システムを普及させるような枠組みとは別に、彼らのネットワークと我々が組んで共同で島嶼国をテーマに事業展開していこうという話もある。

▽海洋国際会議については？

今、海は海洋バブルのような状況になっていて、色々な資金が海洋に入っている。海洋ごみ問題のほかに、資源開発とか新しい国際海洋条約の動きなどで、国連も動いているし、民間からも色々なお金が入ってきて、各国が主導権を争っている。国際会議が多くの地域で行われている。例えば国連が主催するザ・オーシャン・カンファレンスという国際会議は、グテーレス国連事務総長の母国ポルトガルで行われる予定だ。また、オバマ政権の時のケリー国務長官が提唱したＯｕｒ　Ｏｃｅａｎという国際会議が各国持ち回りで始まっているが、２０１８年はインドネシア、２０１９年はノルウェー、２０２０年はパラオで開催される。

こういう国際会議が集中するのが２０２０年で、このタイミングで我々が何か発表しても埋もれてしまって意味がない。あるいは２０２０年にそういう場で何か発表して、実際の取り組みは２０２１年以降にするとか、日本財団よりも日本としてのプレゼンスを上げるためのタイミングを今見定めている。

▽途上国への働きかけは

近隣で経済が発展していてリサイクル体制が整備されてない一番重要な地域は、東南アジアだ。我々はずっとここを注視しており、日本の反省に立って、プラスチックを基盤とした消費社会が定着してしまう前に、現地と一緒に考え、地域特性に即した対策を準備していくことが大事だと考えている。地元企業や自治体と連携して、きちんとした回収システムを整備していくことが重要ではないかと考えている。

日本で苦労しているのは運搬、そして回収した後のリサイクル処理の部分で、お金がかかるので我々も苦労している。そういう認識を東南アジアの自治体や政府にも理解してもらい、きちんと予算を措置した上で集めたものがリサイクルされていくようなシステムを作ると、ほかの状況も変わっていくのではないか。そういう支援を島嶼国や東南アジアを事例として実現できればと考えている。

▽東南アジアと日本では、社会資本の蓄積に大きな差があるが

海運業界の自動運航技術のように、現代のイノベーションは異業種の相互関連で加速度的に進歩する。ごみの問題も異なる産業セクターが連携し、インフラや制度を変えていくことで、途上国であっても、日本が数十年の時間をかけて整備してきたものとは比べ物にならない速さで大きく進歩していくので、はるかに時間を短縮できる。彼らには古いしがらみがないので、新しいものを受け入れる素地もある。逆に古臭いやり方をそのまま押し付けるというのはやめた方がいい。

▽海洋プラスチック憲章への見解は

これはこれで、リサイクルシステムやライフスタイル、教育についても触れているので評価できる。日本が署名をしなかったことで、リサイクル先進国としての日本のプレ

ゼンスが下がったのは残念だが、国としてこれをきっかけに環境省から、大阪Ｇ20へ向けて新しく戦略が出たり、数値的な目標も担保したりという方針が出たことは良いと思っている。

▽プラスチック規制に対する見解を

プラスチックを作らなければいいと言うが、これだけ便利に使っていて、急に使わないということは可能なのか。それを生業としている人もたくさんいるわけで、ドラスチックな規制が好ましいとは思わない。今は単純な規制の議論ばかりで、息が詰まってしまう。まずは環境への影響を緩やかにしていくことと、プラごみを海に出さないという方向に、人々のマインドセットを変えることが一番ではないか。意識を高めるだけで変わってくる部分は大きいので、それを業界にもご協力いただいてやった方が、お金もかからないし、プラごみも緩やかな形で減っていくだろう。またそうして時間の幅を作っておけば、その間にテクノロジーが進化して代替品やごみ処理技術が開発され、効果的な対策も出てくる。

ポイ捨てする人を減らし、ごみ拾いする人を増やし、食品包装も含めてリサイクルしやすい形にして行くことで、人の意識が変えられて行く。そこではじめて実現可能となる変革や技術開発もある。そこに企業やベンチャーと一緒に貢献したいと考えている。

Q&A

Q 日本近海のプラごみは中国や韓国、東南アジアから流れてきたもの？

A ２００８年には、日本海側を中心に19道府県で約４万３０００個の廃ポリタンクが漂着し、うち６０００個はハングル表記のものでした。しかし、２００７年から２００８年の全国的調査の結果では、沖縄県や長崎県対馬のように海外由来のごみが大半を占める地域もありますが、日本全体として見た場合、国内から発生するゴミの占める割合の方が多く、熊本県、三重県、福井県、石川県、山形県では大半が国内から発生するごみだったことが明らかになっています。

まとめ

実効性ある海洋プラごみ対策とは

まとめ　実効性ある海洋プラごみ対策とは

ＥＵの「サーキュラー・エコノミー（循環型経済）」運動における異業種連携を、新手の参入障壁と見る向きもあるが、そういう将来の懸念以上に注意すべきなのは、同プログラムがプラスチックの原料製造から製品化、消費、回収、リサイクル、廃棄物処分までバリューチェーン全体をひとつの団体のもとに糾合しようとしている点だ。この異業種連携の輪が完成してしまうと、業界単位で「ムラ社会」を形成し各個に動いている日本は太刀打ちできなくなるかもしれない。

▼国内業界は一致団結して対策に当たるべき

プラスチックのバリューチェーンを一つの輪に束ねようとしているＥＵと対抗するためには、食品・容器包装材業界とその原材料を供給する化学業界の円滑な協力関係が不可欠だ。日本化学工業協会と化学系業界団体が設立したＪａＩＭＥ（海洋プラスチック問題対応協議会）に食品・容器包装材業界から加盟しているのは全国清涼飲料連合会のみで、容器リサイクル関連の団体は未だ加盟していない状況だ。食品・容器包装材業界にも化学業界にも、いろいろと言い分はあるだろう。しかし材料分野と利用分野の連携は、ローコストで効率のよい循環型社会へ前進する車の両輪だ。ペットボトルのキャップやラベルを含めた単一素材化などは、両分野の緊密な連携がなければ実現できない課題の典型だろう。

▼リサイクル大国・中国の今後

リサイクル産業が国際ビジネスとして大きく成長して行く過程で最大の脅威と考えられるのは、世界最大の廃プラリサイクル能力を有する中国の存在だ。中国は環境負荷を省みない手法とはいえ、リサイクル材の原料となる廃プラを毎年700万トン以上も先進国から買い集め、国内発生分と合わせて1800万トン以上をリサイクルし、推定1500万トン以上の再生材を事業ベースで流通させてきたリサイクル大国である。

廃プラ輸入禁止の結果、国内のリサイクル産業、とりわけ700万トン以上の輸入廃材を処理していた4万〜5万社ともいわれる中小リサイクル企業は、原料供給が遮断されたため壊滅的打撃を受けたという。しかし大手事業者は、すでに東南アジア各地や日本へ進出を始めており、廃プラを国内で処理する構造から、進出先で残渣を除去・加工したクリーンな再生原料を輸入する構造へと一大転換が始まっている。

２０１６年と２０１８年を比較してみると、新造品の輸入が５１１万トン増加しており、３００万トンともいわれる再生ペレットの輸入と合わせ、廃プラ輸入禁止に伴う再生材の供給減をカバーしているとみられる。中国国内の再生材への需要は依然として旺盛と考えられ、今後海外に進出した中国リサイクル業者による現地廃プラの「爆買い」が拡大する可能性は高い。

▼日本のリサイクル産業の将来

環境省では「これまで輸出していたものを国内でリサイクルしようという動きが出ているので、そのような企業とリサイクル事業者が組んで国内のリサイクル設備をどんどん立ち上げ、リサイクルされたものが積極的に利用されていく流れを作りたい」としている。このためリサイクル設備への補助金を２０１９年度には前年度の６倍にあたる９３億３０００万円に増やし、補助金導入の条件として処理後の一次加工の出荷先が国内であることを前提とする方針で、国内で資源が循環する体制に変えていきたい考えだ。

ただし１５００万トンという巨大な再生材需要を有する中国と、２０１７年度で53万トンの需要しかない日本国内では、市場のサイズがまったく違う。中国を含めた市場構造を意識しなければ、日本のリサイクル産業の成長は容易ではなく、これまで以上に中国からの進出企業による蚕食が進む懸念もある。

▼ＥＵの使い捨てプラ廃絶運動に対しては冷静な対応を

「サーキュラー・エコノミー」運動について考える中で、日本とＥＵでは、海洋プラごみへの対応にアプローチの違いが感じられる。ＥＵはそれをビジネスチャンスとして、循環型経済への革命戦略の一部と捉えているのに対し、日本では海洋プラごみを減らす実効性ある戦術を探る議論が基調となっている。ＥＵはごみが実際に減るかどうか以上に、経済政策としてリサイクル関連ビジネスを製造業と有機的に結合して勃興させることが目的のように見えるのに対し、日本は世界の海洋プラスチックごみを実際に削減することだけを真面目に考えている、と言ってもいい。

高い目標を掲げて、実現できなかったときに政治が失う信頼の大きさを想像すれば、日本はおいそれと実現性の低い約束にコミットすることはできないだろう。ＥＵは代替フロン削減でもプラスチックと同様、先進的な規制を先行させ、冷房用の代替フロンを早々と禁止した結果、次世代製品の供給も使用機器の更新も間に合わず、旧型機器の修理用途などの需要をまかなうために代替フロンの闇マーケットが形成されるという、典型的ガバナンス崩壊が現在進行中だ。今回も同様に、失敗してガバナンスが崩壊しようがお構いなしで経済革命に邁進しようとしている。プラ規制でもEU加盟各国がついて行けず、同じ失敗を繰り返す可能性は大いにある。EUの循環型経済「革命」運動に対しては、冷静に距離をとって行方を見守る必要があるだろう。

▼日米連携してEU提案に反対したUNEA4

２０１９年３月11〜15日に開催された国連環境総会（UNEA４）では、EUの「使い捨てプラスチックを２０２５年までに廃絶する」という文言の閣僚宣言案が提案された。しかし米国が強硬に反対、「持続的でないプラスチック製品の使用と廃棄が生態系を損なっている問題に取り組む」としたものの、「２０３０年までに使い捨てプラスチック製品を大幅に減らす」と表現を後退させることに成功した。閣僚宣言と別に日本などが提案した海のプラスチックごみに関する決議も骨抜きにされ、問題への国際的取り組みを議論する作業部会の設置も見送られた。

日本が策定中の国家戦略である「プラスチック資源循環戦略」では、２０３０年までに「ワンウェイのプラスチック（容器包装等）を累積で25％排出抑制」「プラスチック製容器包装の６割をリユース可能またはリサイクル可能なものとすることを目指す」といった目標設定を行っているが、それは今回の閣僚宣言と矛盾しない水準である。むしろ海洋プラ憲章への署名拒否で米国とともに非難の的となっていた日本のポジションが中庸に替わり、G20において改めて海洋プラ問題への取り組みでリーダーシップをアピールできる環境が整ってきた。

▼G20大阪における日本の役割

２０１９年６月のG20大阪において、日本は米国とともに中国、インド、東南アジアなどG７枠外の国々との連携を深め、リーダーシップを確保する必要がある。米国が目標値の設定や規制に関して簡単には賛同しない方針であることはＵＮＥＡ４の結果を見ると明らかで、G20においても米国の反対で難航する可能性の高い野心的目標設定を急ぐ必要はない。それよりも各国の事情に応じた取り組みや目標設定を踏まえて、G20枠内で合意できる海洋プラごみ対策、廃棄物対策を、日本のリーダーシップでひとつに取りまとめることが重要だ。

▼国際社会へのアピールが第一歩

各国の廃棄物対策は各国の歴史によって作られたものだ。財政事情も地理的制約も様々であり、「埋め立てはダメ」「エネルギー回収はリサイクルと認めない」などと神学的議論を戦わすことは不毛だ。まずはこれ以上の海洋流出を防ぐために必要なことは何か、国内でも国際社会でも話し合って、出発点となる合意を形成することだ。

日本はプラごみを含め、廃棄物の管理システムに150年以上の時間をかけて、自治体を核とした高度で責任ある管理体系＝日本型モデルを構築してきた。しかしながら、その高度さとコストゆえに、これをそのまま海外へ輸出することは現実的ではない。各国の国情に合わせ、ＥＵや中国との競争に耐えられる、よりコストの低いグローバル・モデルへと発展させる必要があるだろう。

意識啓発に関しては、ラグビーワールドカップや東京オリンピック・パラリンピックなど、今後日本で開催される国際イベントを通じ、来日旅行者や国内・全世界のテレビ視聴者に対して大いにアピールすべきだ。サッカーのワールドカップで毎度話題になる日本人サポーターによるスタジアム清掃などは、来日旅行者にとっても格好の体験機会を提供できるだろう。日本はもとより、国際社会が海洋プラごみ削減で成果を挙げられるよう、こうしたチャンスをひとつひとつ生かして行くことが、問題解決への第一歩だ。

最新動向

増補版の発刊に当たり、海洋プラごみ問題について初版発行後の最新動向を補足しておきたい。なお、改訂にあたっては本文中の誤字誤植等についても訂正を加えている。

▼プラ工連がプラスチック資源循環戦略を策定～100％有効利用目指す

日本プラスチック工業連盟（プラ工連）は、「プラスチック資源循環戦略」を策定した。２０１８年10月公表の「プラスチック資源循環戦略の基本的な考え方」に基づき、国の戦略や「プラスチックのあるべきリサイクル」「バイオプラスチックの活用」等について重ねた議論を集約。同戦略は「プラスチック最適利用」の方向性と具体策を打ち出すとともに、同連盟が従来から展開している海洋プラスチック問題への取り組みを統合したもので、２０１９年５月22日の第71回定時総会で承認された。姥貝卓美会長は「同戦略に示された方向性が持続可能なプラスチック利用社会の指針になることを期待する」と述べた。

同戦略の基本的な考え方には、従来より案に含めていた５点に「単純焼却・埋め立てゼロを目指す」「経済性および技術的可能性等を考慮し、資源を100％有効利用する」の２

点を加えた7点を掲げた。資源循環の手段については、材料リサイクル、ケミカルリサイクル、バイオプラスチックの利用等を挙げ、エネルギー回収（熱回収）も、原料に戻らないため循環とは異なるものの、廃プラを有効利用する手段の一つとして位置付ける。

材料リサイクルについては、目指すべき方向性実現のため、再生材潜在市場の開拓と再生材の評価・使用、ＰＥＴボトルと発泡スチロールおよび白色トレーの100％回収を方策として掲げる。ケミカルリサイクルは、イノベーションによる新技術開発の推進が必要として、廃プラを化学原料化できる技術の早期実用化を支援する。

バイオプラのうち、バイオマスプラについては、燃やさざるを得ないプラ製品（ごみ袋等）のバイオマス化を広報・啓発するほか、国・自治体による利用拡大の働きかけ、規格・認証システムの整備、官民連携による普及促進活動の展開を想定。生分解性プラは、農業用フィルムや食品残渣収集袋およびイベント用カトラリー等の廃棄物処理を考慮した特定の用途について利用を促進するほか、生分解性の技術に関して産学官連携で研究開発を推進するとともに、海洋環境での生分解について国際標準化の早期実現を目指す。

また海洋プラごみ問題に関しては、樹脂ペレット漏出防止に向けた取り組みの対象を会員外の小規模事業者に拡大。同問題解決に向けた宣言活動の参加企業・団体の拡大も進めていく。

▼ＪａＩＭＥがエネルギー回収のＬＣＡ評価を公表～再生利用と同等

海洋プラスチック問題対応協議会（ＪａＩＭＥ、ジャイミー）は２０１８年11月から作業部会を設置して進めていたエネルギーリカバリー（ＥＲ、エネルギー回収）の環境負荷評価（ＬＣＡ）報告書を公表した。

廃プラ１kgあたりのCO_2排出削減効果（最右列）を有効利用手法同士で比較すると、効率25％のごみ焼却発電によるＥＲを前提とした場合（表中の「発電焼却（発電効率25％）」）は１・43で、マテリアルリサイクル（ＭＲ）で輸送用パレットを再生した場合の１・65と同等レベルだった。

また廃プラを固形燃料化して石炭の替わりに利用する（表中のＲＰＦ利用）場合では２・97となり、ＭＲの１・65よりも排出削減効果が高いという結果が出た。ＥＲのCO_2排出を問題視する議論に対し、一定の科学的な結論を提示し

■各種有効利用手法のCO_2排出量削減効果の比較結果（抜粋）

手法		有効利用した場合 再生製品	有効利用した場合 CO2排出量（A）	有効利用しない場合 代替される製品	有効利用しない場合 CO2排出量（B）	ＣＯ2排出量削減効果（Ｂ－Ａ）
マテリアルリサイクル		パレット	2.30	樹脂製パレット	3.95	1.65
				木材製パレット	2.93	0.63
ケミカルリサイクル ガス化（アンモニア製造）		アンモニア、炭酸ガス	4.98	天然資源から製造するアンモニア、炭酸ガス	2.30	2.11
ＥＲ	ＲＰＦ利用	固形燃料	2.89	石炭	7.09	2.97
	発電焼却（発電効率	焼却炉からの電力	2.71	系統電力	3.45	0.73
	発電焼却（発電効率２	焼却炉からの電力	2.71	系統電力	4.15	1.43

ＣＯ2排出量、削減量の単位はすべてkg-ＣＯ2　　　出所：JaIME配布資料より

たかたちだ。

ＪａＩＭＥではこの報告を受け、国内や欧米へ向けた情報発信に加え、中国との日中化学産業会議などを通じた情報交換や、東南アジア諸国に向けてＬＣＡ評価結果と日本の廃棄物処理システムについて理解促進を図るための研修などを積極的に進めていく。

▼G20大阪サミットで日本主導の国際対策共有へ

Ｇ20大阪サミットは２０１９年６月29日に首脳宣言を採択して閉幕した。宣言の中で海洋プラスチックごみ対策について、包括的なライフサイクルアプローチを通じて２０５０年までに海洋プラごみによる追加的汚染をゼロにすることを目指す「大阪ブルー・オーシャン・ビジョン」をＧ20および国際社会で共有する、と宣言し、「Ｇ20海洋プラスチックごみ対策実施枠組」を支持する、との文言も盛り込まれた。

同サミットにおいて安倍総理は、「大阪ブルー・オーシャン・ビジョン」の実現に向け、日本は途上国の廃棄物管理に関する能力構築およびインフラ整備等を支援していく旨を表明した。そのため日本政府は、①廃棄物管理、②海洋ごみの回収、③イノベーション、④能力強化に焦点を当て、世界全体の実効的な海洋プラスチックごみ対策を後押しすべく「マリーン・イニシアティブ」を立ち上げる、と述べた。

具体策として、①途上国に対して廃棄物法制、分別・収集システムを含む廃棄物管理・3R推進のための制度構築、②海洋ごみに関する国別行動計画の策定といった政策面での後押し、③リサイクル施設や廃棄物発電施設を含む廃棄物処理施設など質の高い環境インフラの導入、④これに関連する人材育成のためのODAや国際機関経由の支援を含め、二国間や多国間の協力による様々な支援を行うほか、⑤世界において、2025年までに廃棄物管理人材を1万人育成する、といった中長期的な支援策を盛り込んだ。

さらにASEAN諸国に対して、自治体、市民、ビジネスセクター等の非政府主体の意識向上、海洋ごみに関する国別行動計画の策定、廃棄物発電インフラを含む適切な廃棄物管理、3Rに関する能力構築や、海洋プラごみのモニタリング実施に向けた人材育成といった手厚い支援策を打ち出している。

海洋プラごみの排出量の多さからも、今後の発生量増大の可能性の面からも、途上国への国際支援を重視することは極めて有効だ。制度構築からインフラ構築、人材育成までも網羅した日本の支援姿勢は、新興国の環境対策を健全に育成することを目標に置いている。

もうひとつ、G20のイニシアティブのひとつである「G20資源効率性対話」と呼ばれる、各国の環境対策におけるグッドプラクティス（優れた取り組み）の情報共有を目的とした会合があり、２０１７年から毎年秋にＧ20議長国が主催して開催されている。この定期会合を「海洋プラスチックごみ対策実施枠組」のグッドプラクティス共有、各国の進捗報告の場として活用しようというのが日本の提案だ。これについて軽井沢における大臣会合では、議長国である日本が「Ｇ20資源効率性対話のロードマップを策定する」という合意を取り付け、この合意が首脳会合でも追認された。２０１９年10月９・10日に海洋プラごみ対策の取り組み共有を目的とした第一回の会合が日本で開催される。この会合が海洋ごみ対策の国際作業部会として継続的に機能することで、Ｇ20においては日本主導で国際的取り組みを推進することが可能となる。

▼廃棄物管理対策を先送り～規制以外に打つ手のない欧州

海洋プラごみ問題は、欧州においては「使い捨てプラスチック製品の製造・流通規制」という議論が先行している。これについて新聞紙面などにおいて「日本は出遅れ」「日本の環境政策はガラパゴス化」といった批判的な論調があるが、ＥＵでは法規制以外に打つ手がないのだという実情をふまえて議論すべきである。

欧州全体における廃棄物回収システムの改革については、加盟国間の制度的格差が激しく、莫大な社会資本の投入を要する問題であることから、欧州プラスチック戦略の策定段階で先送りにされ、加盟各国の国内政策・国内立法にゆだねられており、ＥＵの立場からは手の付けようがない状況、というのが実態だ。

▼日本型のアプローチはむしろ根本的

日本の支援策には即効性は期待できないが、廃棄物処理の技術支援やインフラの構築から手を付けるアプローチには、各国の事情に応じて限定的に、あるいは小規模からでも始められる柔軟性があり、また人材育成のように、時間はかかるがさほど資金を必要とせず、長期的には最も効果が見込める対策も含まれている。新興国であっても取り組みが容易なレベルまでスタート位置を下げたことが、合意に繋がったとみるべきだ。

環境性に優れた製品なら高くても売れる欧州と、必ずしもそうではない日本、パリ協定からの脱退を表明したばかりで、国内政策面で進展が望めない米国、環境政策にようやく本腰を入れ始めたものの、経済活動に影響するコミットメントは避けたい中国など、各国各様の事情がある中で、欧州式の規制強化と削減コミットメントでは合意は難しかっただろう。

経済成長に伴うごみ処理問題を、地道な廃棄物管理システムの整備によって実現してきた経験を持つ日本だからこそ、ごみを適正に管理し、環境に出たごみを回収することの重要性について説得力ある議論を展開でき、さらなる流出を防止する、という合意点に達することができた。

▼米国、中国を含めた合意形成は大きな成果

環境省と海外環境協力センター（ＯＥＣＣ）は、８月７日に国連大学でＧ20大阪サミットにおける環境政策の成果を総括するセミナーを行った。「２０５０年までに海洋プラスチックごみによる追加的な汚染をゼロにする」という大阪ブルーオーシャン・ビジョンをはじめとするＧ20大阪で合意に達した成果について、セミナーを主催したＯＥＣＣ理事長で国連大学サスティナビリティ高等研究所の竹本和彦所長は、「米国、中国を含め、世界ＧＤＰの８割をカバーするＧ20において、充分な国際合意に至らなかったＵＮＥＡ４の結果を踏まえ、プラスチック製品の製造・流通という議論と廃棄物管理の議論をきちんと分けて、議長国として軽井沢（環境・エネルギー閣僚会合）での合意形成を導いたことは大きな成果だ」と高く評価した。

資料集

■世界主要国のプラスチック生産推移（グラフ）

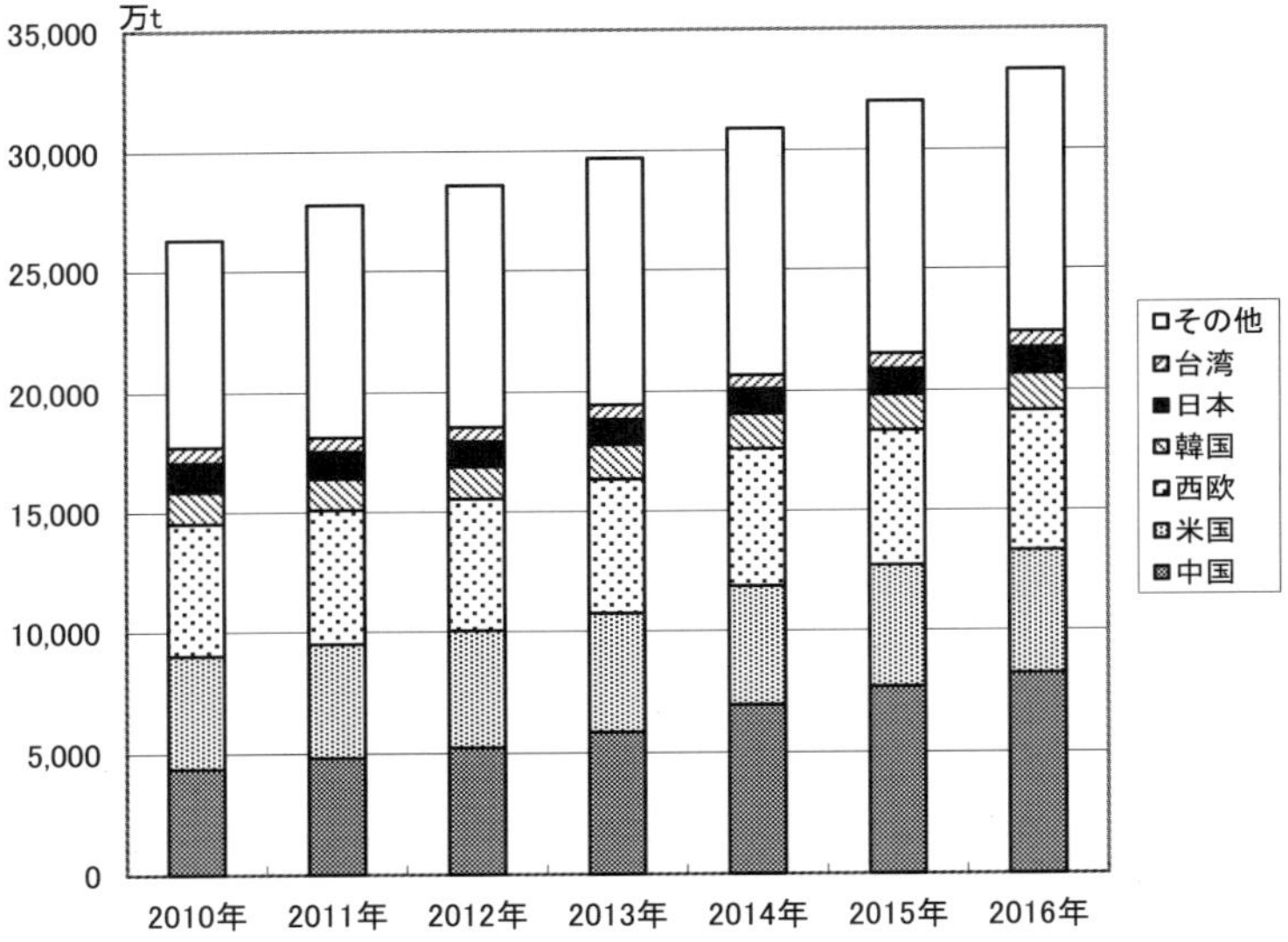

■世界主要国のプラスチック生産推移

（単位：万 t）

	2010年	2011年	2012年	2013年	2014年	2015年	2016年	前年比
中　国	4, 361	4, 798	5, 213	5, 837	6, 951	7, 691	8, 227	107. 0%
米　国	4, 663	4, 681	4, 806	4, 877	4, 904	5, 011	5, 091	101. 6%
西　欧	5, 499	5, 599	5, 499	5, 599	5, 699	5, 599	5, 798	103. 6%
韓　国	1, 303	1, 292	1, 336	1, 426	1, 454	1, 494	1, 549	103. 7%
日　本	1, 224	1, 121	1, 052	1, 058	1, 061	1, 084	1, 075	99. 2%
台　湾	633	596	588	627	579	622	649	104. 4%
その他	8, 616	9, 711	10, 106	10, 275	10, 251	10, 498	10, 910	103. 9%
世界合計	26, 500	28, 000	28, 800	29, 900	31, 100	32, 200	33, 500	104. 0%

（注）西欧はＥＵ 28 カ国とノルウェーおよびスイスが対象で、元データに修正を加えた

（出所）日本プラスチック工業連盟資料

■世界の地域別プラスチック生産比率(2017年)

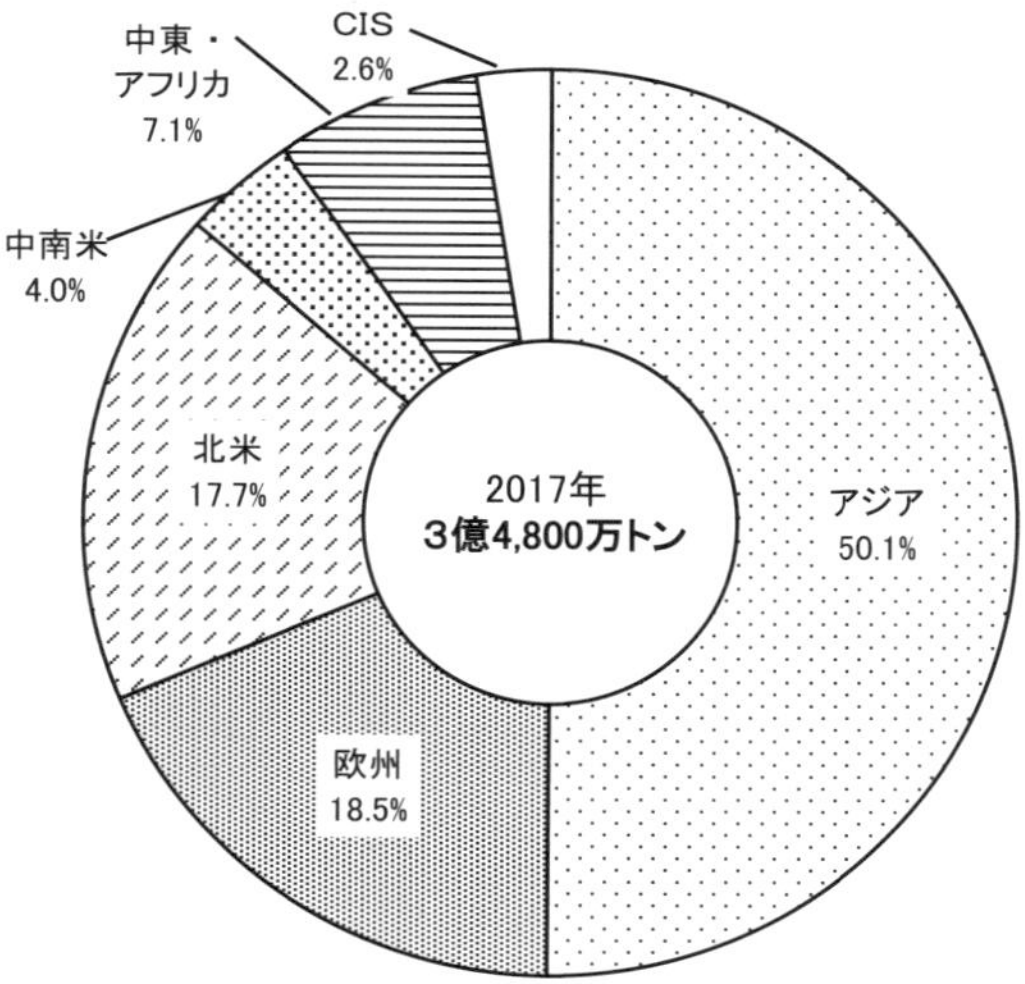

■アジアの内訳(2017年)

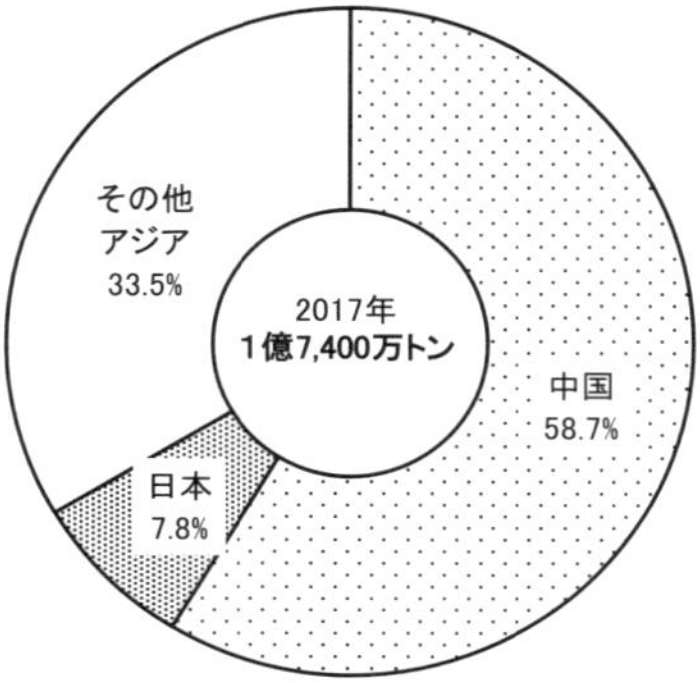

PlasticsEurope Market Research Group (PEMRG)
およびConversio Market & Strategy GmbH より作成

■日本のプラスチック生産推移

種　　類	2013 年	2014 年	2015 年	2016 年	2017 年	前年比
フェノール樹脂	287, 515	283, 815	278, 431	288, 563	301, 326	104. 4
ユリア樹脂	69, 979	65, 367	63, 897	67, 391	64, 981	96. 4
メラミン樹脂	80, 766	80, 591	79, 187	81, 563	81, 483	99. 9
不飽和ポリエステル樹脂	112, 232	103, 120	96, 624	96, 331	100, 288	104. 1
アルキド樹脂	64, 487	61, 376	58, 040	58, 767	61, 863	105. 3
エポキシ樹脂	136, 797	123, 709	116, 050	115, 201	124, 938	108. 5
ウレタンフォーム	193, 341	198, 126	174, 327	187, 658	199, 435	106. 3
熱硬化性樹脂計	945, 117	916, 104	866, 556	895, 474	934, 314	104. 3
ポリエチレン計	2, 630, 960	2, 639, 042	2, 609, 384	2, 568, 979	2, 654, 815	103. 3
(低密度)	1, 539, 314	1, 599, 087	1, 520, 045	1, 540, 307	1, 593, 278	103. 4
(高密度)	907, 938	824, 543	896, 757	824, 515	884, 673	107. 3
(ＥＶＡ)	183, 708	215, 412	192, 582	204, 157	176, 864	86. 6
ポリスチレン計	743, 805	731, 080	753, 580	753, 640	772, 643	102. 5
(成形材料)	632, 767	615, 692	638, 212	639, 684	655, 897	102. 5
(発泡用)	111, 038	115, 388	115, 368	113, 956	116, 746	102. 4
ＡＳ樹脂	89, 726	75, 375	80, 563	69, 555	73, 169	105. 2
ＡＢＳ樹脂	355, 539	355, 982	376, 336	360, 069	395, 001	109. 7
ポリプロピレン	2, 248, 199	2, 348, 567	2, 500, 500	2, 466, 311	2, 505, 540	101. 6
石油樹脂	104, 440	103, 671	112, 937	100, 830	109, 413	108. 5
メタクリル樹脂	162, 512	150, 293	152, 997	144, 949	154, 864	106. 8
ポリビニルアルコール	232, 551	225, 148	226, 745	215, 421	230, 760	107. 1
塩化ビニル樹脂	1, 486, 633	1, 476, 750	1, 643, 101	1, 650, 883	1, 705, 921	103. 3
ポリアミド	225, 851	227, 623	216, 794	216, 896	238, 241	109. 8
ふっ素樹脂	25, 234	29, 255	27, 610	28, 374	30, 151	106. 3
ポリカーボネート	309, 208	303, 813	294, 449	292, 520	310, 179	106
ポリアセタール	122, 958	115, 658	100, 108	104, 181	115, 184	110. 6
ポリエチレンテレフタレート	526, 163	463, 366	431, 088	418, 370	423, 960	101. 3
(容器用)	146, 524	128, 199	99, 953	83, 577	—	0
(その他)	379, 639	335, 167	331, 135	334, 793	—	0
ポリブチレンテレフタレート	159, 942	174, 126	188, 565	171, 368	110, 121	64. 3
ポリフェニレンサルファイド*	—	37, 669	38, 776	37, 167	35, 896	96. 6
熱可塑性樹脂計	9, 423, 721	9, 457, 418	9, 753, 533	9, 599, 513	9, 865, 858	102. 8
その他樹脂	210, 496	233, 861	214, 016	257, 642	274, 336	106. 5
合　　計	10, 579, 334	10, 607, 383	10, 834, 105	10, 752, 629	11, 074, 508	103

単位：トン、%　　出所：経済産業省生産動態統計を元にプラスチック工業連盟作成

*2014/1 よりポリフェニレンサルファイドが新設され、変性ポニフェニレンエーテルはその他に統合

■中国の国別プラスチックくず輸入量

単位：千トン

	2013年	2014年	2015年	2016年	2017年	2018年	前年比
香　港	755	1,163	1,515	1,779	915	23	2.6%
日　本	1,074	950	857	842	818	7	0.9%
米　国	863	878	721	692	575	5	0.8%
タ　イ	461	464	446	432	334	1	0.4%
ベルギー	311	419	358	323	317	0	0.0%
フィリピン	360	336	170	320	306	3	1.0%
ドイツ	654	592	592	390	301	2	0.6%
豪　州	101	196	166	293	264	0	0.0%
インドネシア	224	177	121	189	203	0	0.1%
韓　国	249	244	219	184	147	2	1.4%
その他	2,830	2,835	2,190	1,903	1,649	8	0.5%
合　計	7,882	8,254	7,355	7,347	5,829	52	0.9%

■中国の品種別プラスチックくず輸入量

単位：千トン

	2013年	2014年	2015年	2016年	2017年	2018年	前年比
PET	2,200	2,071	2,046	2,533	2,167	14	0.6%
P　E	3,468	4,403	3,568	2,532	1,943	13	0.7%
PVC	382	330	236	446	304	0	0.0%
P　S	234	118	91	92	139	2	1.3%
その他	1,598	1,332	1,414	1,744	1,277	22	1.7%
合　計	7,882	8,254	7,355	7,347	5,829	52	0.9%

出所：中国海関統計

■日本のプラスチック生産量・廃棄量の推移（グラフ）

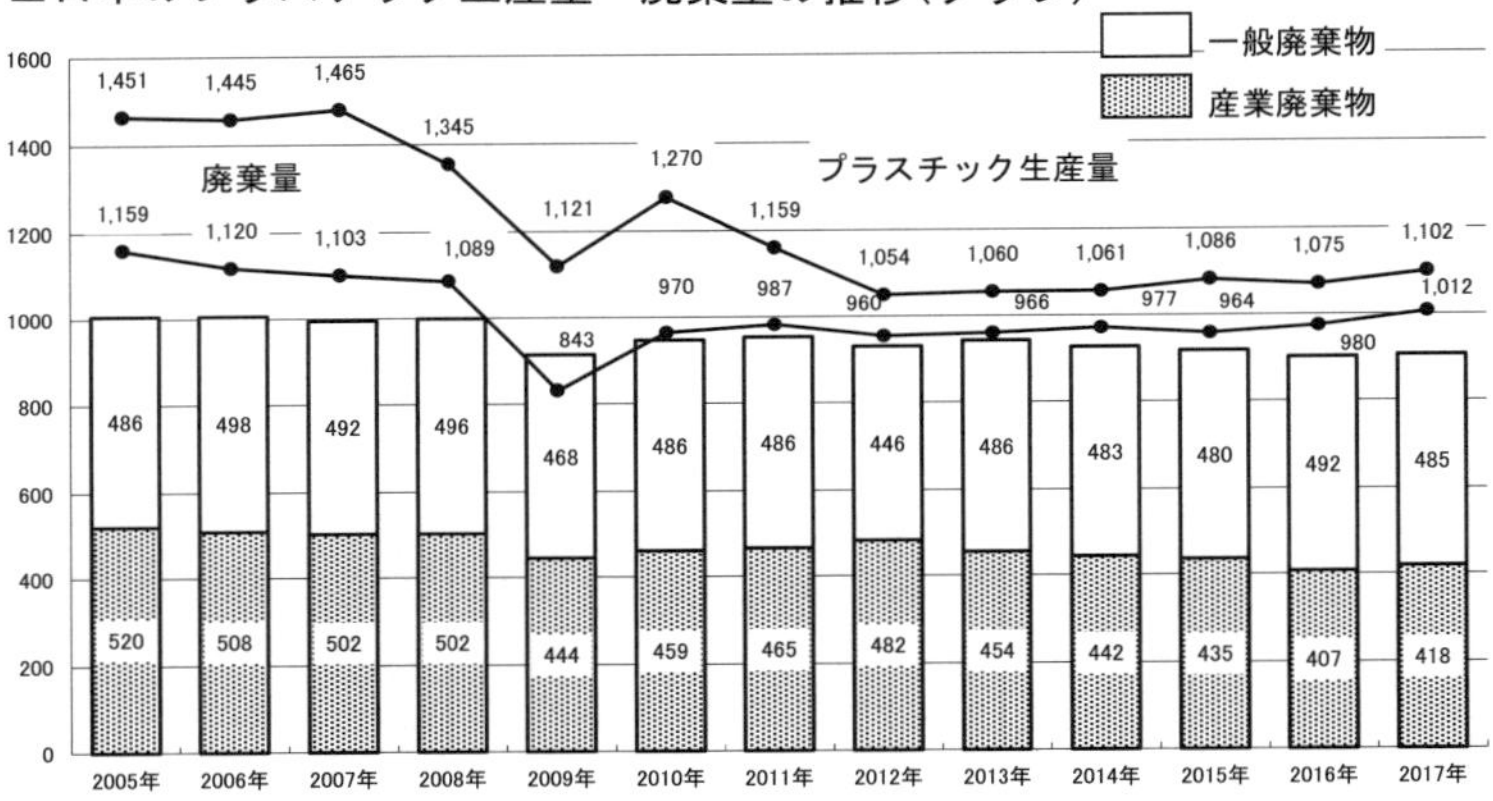

出所：プラスチック循環利用協会資料から作成

■日本のプラスチック生産量・廃棄量の推移

（単位：万ｔ／年）

年	樹脂生産量	国内樹脂製品消費量＊	廃プラ総排出量	一般廃棄物		産業廃棄物	
2005	1,451	1,159	1,006	520	51.7%	486	48.3%
2006	1,445	1,120	1,005	508	50.4%	498	49.6%
2007	1,465	1,103	994	502	50.5%	492	49.5%
2008	1,345	1,089	998	502	50.3%	496	49.7%
2009	1,121	843	912	444	48.7%	468	51.3%
2010	1,270	970	945	459	48.6%	486	51.4%
2011	1,159	987	952	465	48.8%	486	51.1%
2012	1,054	960	929	446	48.0%	482	51.9%
2013	1,060	966	940	454	48.3%	486	51.7%
2014	1,061	977	926	442	47.7%	483	52.2%
2015	1,086	964	915	435	47.5%	480	52.5%
2016	1,075	980	899	407	45.3%	492	54.7%
2017	1,075	1,102	1,012	418	46.3%	485	53.7%

（＊注）1. 国内樹脂製品消費量＝樹脂生産量－樹脂輸出量＋樹脂輸入量－液状樹脂等量－加工生産ロス量＋再生樹脂投入量－製品輸出量＋製品輸入量
2. 94年から推算方法を変更し産業廃棄物に未使用の樹脂生産・加工生産ロス量を新たに計上し加算

出所：プラスチック循環利用協会

■日本の廃プラ有効利用量と有効利用率の推移

単位：量・万 t、率・%

年	総排出量	有効利用量	有効利用率	内訳				
				再生利用量	再生利用率	ごみ発電量		ごみ発電率
2009	912	689	75	200	21.9	廃棄物発電	328	36.0
		(718)	(79)			固形燃料	42	4.6
						熱利用焼却	116	12.7
						油化・高炉原料	32	3.5
2010	945	723	77	217	23.0	廃棄物発電	303	32.1
						固形燃料	60	6.3
						熱利用焼却	103	10.9
						油化・高炉原料	42	4.4
2011	952	744	78	212	22.3	廃棄物発電	326	34.2
						固形燃料	65	6.8
						熱利用焼却	105	11.0
						油化・高炉原料	36	3.8
2012	929	744	80	204	22.0	廃棄物発電	302	32.5
						固形燃料	107	11.5
						熱利用焼却	93	10.0
						油化・高炉原料	38	4.1
2013	940	767	82	203	21.6	廃棄物発電	319	33.9
						固形燃料	118	12.6
						熱利用焼却	97	10.3
						油化・高炉原料	30	3.2
2014	926	768	83	199	21.5	廃棄物発電	296	31.9
						固形燃料	154	16.6
						熱利用焼却	84	9.1
						油化・高炉原料	34	3.7
2015	915	763	83	205	22.4	廃棄物発電	295	32.2
						固形燃料	147	16.1
						熱利用焼却	80	8.7
						油化・高炉原料	36	3.9
2016	899	759	84	206	22.9	廃棄物発電	281	31.3
						固形燃料	156	17.4
						熱利用焼却	79	8.8
						油化・高炉原料	36	4.0
2017	903	775	86	211	23.4	廃棄物発電	287	31.8
						固形燃料	167	18.5
						熱利用焼却	70	7.8
						油化・高炉原料	40	4.4

（注）有効利用量と有効利用率の（　）内は旧推算法（既公表値）

出所：プラスチック循環利用協会

■日本の廃プラ総排出量の樹脂別内訳（2017 年）

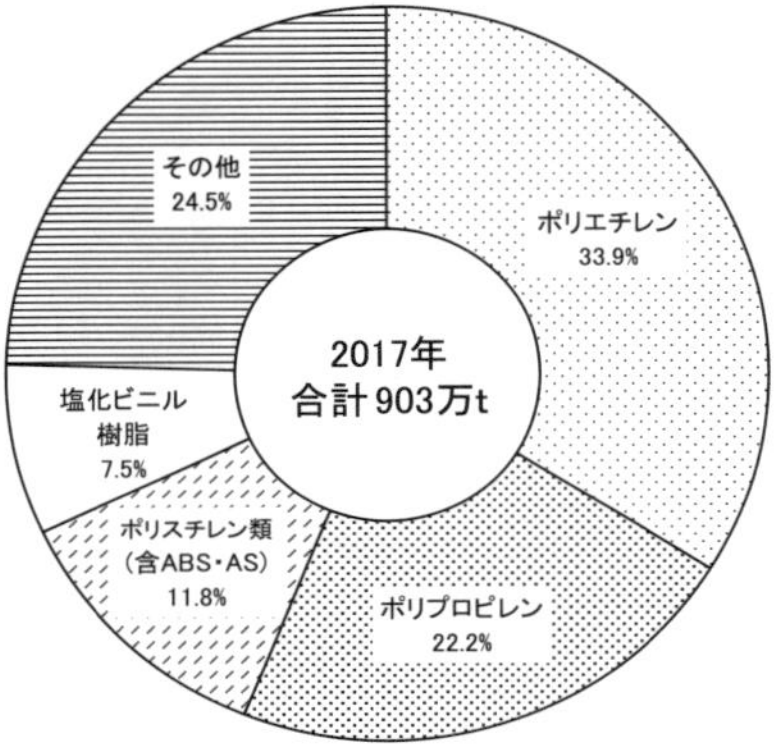

■日本の分別収集・再商品化実績

品目	年度	分別収集量 年間収集見込み量①（トン）	分別収集量 年間分別収集量②（トン）	分別収集量 達成率②／①（%）	再商品化量 再商品化量③（トン）	再商品化量 再商品化率③／②（%）	収集実施市町村数 実施市町村数	収集実施市町村数 実施率（%）
ペットボトル	17	291,703 (0.97)	302,403 (1.01)	103.7	287,544 (1.01)	95.1	1,719 (1.00)	98.7
	16	300,349 (1.00)	298,466 (1.02)	99.4	285,335 (1.02)	95.6	1,722 (1.00)	98.9
	15	300,090 (1.00)	292,881 (1.00)	97.6	280,301 (0.99)	95.7	1,717 (1.00)	98.6
プラ容器	17	744,622 (0.97)	740,547 (1.00)	99.5	684,376 (0.99)	92.4	1,320 (0.99)	75.8
	16	770,434 (1.01)	738,888 (0.99)	95.9	690,185 (0.99)	93.4	1,334 (1.03)	76.6
	15	763,369 (1.01)	745,508 (1.02)	97.7	696,883 (1.01)	93.5	1,328 (1.03)	76.3

注：（　）内の数字は前年度比。2015 年度末現在の全市町村数は 1,741（東京 23 区を含む）で連続性なし

出所：環境省

■日本の廃プラ有効利用による環境負荷削減推移（推計値）

項目		2010年	2015年	2016年	2017年
有効利用量（万t）	一般系廃棄物	333	347	331	347
	産業系廃棄物	390	416	427	428
	有効利用量合計	723	763	759	775
エネルギー使用量（PJ=ペタ・ジュールで千兆ジュールの意）	一般廃棄物 ①	480	396	375	394
	②	555	477	454	475
	③貢献量（②－①）	75	81	79	81
	産業系廃棄物 ①	448	368	394	397
	②	585	512	531	534
	④貢献量（②－①）	136	144	137	137
	削減貢献量計（③＋④）	211	225	216	218
	有効利用しなかった場合のエネルギー消費量	1,140	989	985	1,009
	環境負荷削減貢献比率	19%	23%	22%	22%
CO_2排出量（万t）	一般廃棄物 ①	2,072	2,065	1,941	2,025
	②	2,625	2,626	2,498	2,596
	③貢献量（②－①）	553	561	557	571
	産業系廃棄物 ①	1,597	1,625	1,722	1,681
	②	2,661	2,725	2,808	2,809
	④貢献量（②－①）	1,064	1,101	1,086	1,128
	削減貢献量計（③＋④）	1,617	1,662	1,643	1,699
	有効利用しなかった場合のCO_2総排出量	5,619	5,351	5,306	5,405
	環境負荷削減貢献比率	27%	31%	31%	31%

（注）①有効利用した場合 ②有効利用しなかった場合
四捨五入による数値の不一致あり
（出所）プラスチック循環利用協会

参考文献

「石油化学新報　２０１８年８月24日号～９月４日号」重化学工業通信社
「Plastic waste inputs from land into the ocean」米ジョージア大学 Jambeck Research Group
「THE NEW PLASTICS ECONOMY RETHINKING THE FUTURE OF PLASTICS」エレン・マッカーサー財団（２０１６年）
環境省プラスチック資源循環戦略小委員会　http://www.env.go.jp/council/03recycle/yoshi03-12.html
「プラスチック資源循環戦略の在り方について～プラスチック資源循環戦略（案）～答申」同前（２０１９年）
スマイル四日市　https://smile.yokkaichi-u.ac.jp/
公益社団法人　瀬戸内海環境保全協会　https://www.seto.or.jp/

第１章

「ＰＥＴボトルリサイクル年次報告書２０１８年度版」ＰＥＴボトルリサイクル推進協議会
「新エネルギー新報　２０１８年８月５・20日号」重化学工業通信社
３Ｒ推進団体連絡会　http://www.3r-suishin.jp/?page_id=34

第２章

「International Coastal Cleanup2017 国際海岸クリーンアップ２０１７結果概要」一般社団法人ＪＥＡＮ
「ＮＰＯ法人 荒川クリーンエイド・フォーラム ２０１７報告集」ＮＰＯ法人荒川クリーンエイド・フォーラム
一般社団法人　ＪＥＡＮ　http://www.jean.jp/
ＮＰＯ法人　荒川クリーンエイド・フォーラム　https://www.cleanaid.jp/

Ｑ＆Ａ 講演資料「マイクロプラスチックって何だ？」高田秀重（２０１６年）

第３章

「食品産業におけるプラスチック資源循環をめぐる事情」農林水産省（２０１８年）
「プラスチックを取り巻く国内外の状況」環境省（２０１８年）
「日本の廃棄物処理の歴史と現状」環境省（２０１４年）
「廃棄物処理政策に関するこれまでの施策の施行状況」環境省（２０１６年）
「海洋プラスチック問題について」環境省（２０１８年）
海洋プラスチック憲章（JEAN全文和訳）
海洋プラスチック憲章（OCEAN PLASTICS CHARTER）」（原文）（２０１８年）
「プラスチック資源循環戦略（案）」環境省（２０１８年）
ＰＥＴボトルリサイクル推進協議会　http://www.petbottle-rec.gr.jp/
日本化粧品工業連合会　http://www.petbottle-rec.gr.jp/
衆議院ＨＰ　答弁本文情報（平成30年6月22日受領　答弁第３８６号）
http://www.shugiin.go.jp/internet/itdb_shitsumon.nsf/html/shitsumon/b196386.htm
欧州委員会「Single-use plastics:Commission welcomes ambitious agreement on new rules to reduce marine litter」 http://europa.eu/rapid/press-release_IP-18-6867_en.htm

第４章

「中国の環境規制と北米・欧州日中航路」日本海事センター（２０１８年）

環境省「廃棄物・特定有害廃棄物等の輸出入」 http://www.env.go.jp/recycle/yugai/
ジェトロ（日本貿易振興機構） https://www.jetro.go.jp/
一般社団法人 資源プラ協会 https://www.shigenpla.com/
財務省貿易統計 http://www.customs.go.jp/toukei/latest/index.htm
Global Trade Atlas （データソース China Customs)

第5章

「ＬＣＡを考える」プラスチック循環利用協会（２０１８年）
「２０１7年版 プラスチック製品の生産・廃棄・再資源化・処理処分の状況」プラスチック循環利用協会
日本プラスチック工業連盟 http://www.jpif.gr.jp/
「グラフでみる日本の化学工業２０１８」日本化学工業協会

第6章

「バイオプラスチック概況」日本バイオプラスチック協会（２０１８年）
パンフレット「バイオマスプラ/グリーンプラ」日本バイオプラスチック協会（２０１7年）
日本バイオプラスチック協会 http://www.jbpaweb.net/

第7章

「石油化学新報 ２０１８年9月4日号」重化学工業通信社
日本水産学会誌「東京湾ならびに相模湾におけるレジンペレットによる海域汚染の実態とその起源」栗山

雄司、小西和美、兼広春之、大竹千代子、神沼二眞、問藤ゆき枝、高田秀重、小島あずさ（２００２年）
「海洋ごみをめぐる動向」鈴木良典　国立国会図書館（２０１６年）
資料「各国のＭＰ研究論文概要」国立環境研究所（２０１６年）
資料「実は食べている～自然界のメチル水銀～」食品安全委員会（２０１３年）
Ｑ＆Ａ　ＷＷＦジャパンＨＰ「海洋プラスチック問題について」https://www.wwf.or.jp/

第８章

「石油化学新報　２０１９年1月18日号」
「一般廃棄物最終処分コストの分析および標準費用モデルの作成」松藤敏彦・大原佳祐（２０１０年）
Ｑ＆Ａ「平成28年度　漂着ごみ対策総合検討業務　報告書」内外地図株式会社（２０１６年）

まとめ

講演報告「廃プラの国際循環から国内リサイクルへの転換」プラスチック循環利用協会（２０１８年）
「石油化学新報　２０１８年12月5日号」重化学工業通信社
「ＰＥＴボトル・紙製容器包装の有償および逆有償落札状況」日本容器包装リサイクル協会
https://www.jcpra.or.jp/

あとがき

本書は、海洋プラごみ問題に関わる多くの関係者のなかでも「プラスチック資源循環戦略」の策定議論に携わった方々へのインタビューを通じて、ファクトベースで問題解決への道を考える材料の提供を目指した。専門的な内容には可能な限り注釈をつけた。

石油化学業界専門紙である我々「石油化学新報」編集部にとって、海洋プラごみ問題でいわれのないバッシングに直面するプラスチック関係業界の状況を座視できなかったことが企画の出発点だった。２０１８年８月に、官庁や研究者、石油化学系・プラスチック系の業界団体へインタビューに行き、「石油化学新報」の紙面で数回に亘る「海洋プラごみ問題」特集を行った。特集を終えた段階で、当編集部には問題に関する産・官・学の識見が集められており、これに長年、河川・海岸清掃に携わってきた環境ＮＧＯなど民間団体の動向を加えることで、リアルな海洋プラごみ問題解説本が出版できるのではないか、と考えた。その後、２０１８年９月のＪａＩＭＥ設立、日本政府による「プラスチック資源循環戦略」の策定作業、２０１９年１月のＡＥＰＷ設立、同３月の国連環境総会、同６月の大阪Ｇ20など、現実の海洋プラごみ対策の動きに追い立てられるように、最新動向を取り込みながらインタビューや執筆作業を進めてきた。本書の執筆に際して、ベースとした数字、事実は公表資料から入手した情報であり、インタビューに関してもすべて本人の内容確認を受けたものを掲載している。

ネットに氾濫する「プラスチックは恐ろしい」式に誇張された情報に惑わされることなく、海洋プラスチック問題をファクトベースで考えるために役立てていただければ幸いである。

最後に、本書の企画に際して助言をいただいた多くの皆様と、取材にあたり快くインタビューを受けていただいた環境省、農林水産省、経済産業省、海洋プラスチック問題対応協議会（ＪａＩＭＥ）、日本プラスチック工業連盟、日本バイオプラスチック協会、東京農工大学 高田秀重教授、愛媛大学 鑪迫典久教授、ＪＥＡＮ、荒川クリーンエイド・フォーラム、日本財団の各位に感謝を申し上げたい。

２０１９年４月

重化学工業通信社　石油化学新報編集部

海洋プラごみ問題解決への道
～日本型モデルの提案 増補版

2019 年 4 月 22 日 初版 第 1 刷発行
2019 年 9 月 30 日 増補版 第 1 刷発行
本体価格 1,600 円（税別）

編　者　重化学工業通信社・石油化学新報編集部
(C) THE HEAVY AND CHEMICAL INDUSTRIES NEWS AGENCY
発行所　㈱重化学工業通信社
本　社　〒 101-0041　東京都千代田区神田須田町 2-11
販　売　TEL 03-5207-3331 ㈹　FAX 03-5207-3333
編　集　TEL 03-5207-3332　FAX 03-5207-3334

大阪編集室　〒 530-0001 大阪市北区梅田 1-11-4-1600
TEL 06-6346-9958　FAX 06-6346-9959

印刷・製本 丸井工文社

ISBN 978-4-88053-193-9　C2030　¥1600E
Printed in Japan